U0353490

Zhongguo Wenhua Zhishi Duben

中国文化知识读本

中国传统名吃

主编 金开诚
编著 孙浩宇

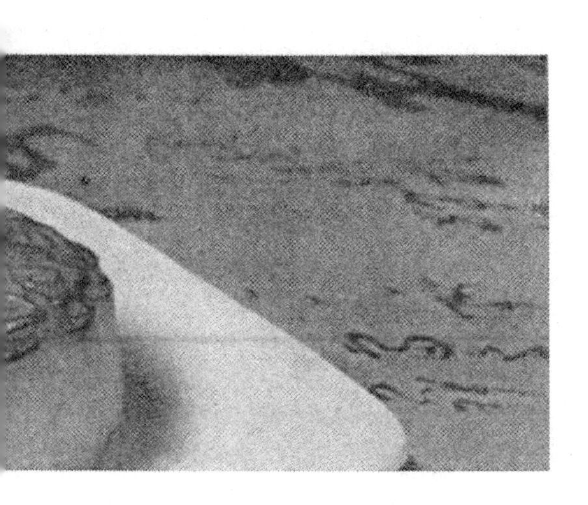

吉林出版集团有限责任公司
吉林文史出版社

图书在版编目（CIP）数据

中国传统名吃 / 孙浩宇编著 . —长春：吉林出版集团有限责任公司：吉林文史出版社，2009.12（2022.1 重印）
（中国文化知识读本）
ISBN 978-7-5463-1289-7

Ⅰ . ①中… Ⅱ . ①孙… Ⅲ . ①饮食－文化－简介－中国 Ⅳ . ① TS971

中国版本图书馆 CIP 数据核字（2009）第 223065 号

中国传统名吃

ZHONGGUO CHUANTONG MINGCHI

主编/ 金开诚 编著/孙浩宇
责任编辑/曹恒 崔博华 责任校对/王明智
装帧设计/曹恒 摄影/金诚 图片整理/董昕瑜
出版发行/吉林文史出版社 吉林出版集团有限责任公司
地址/长春市人民大街4646号 邮编/130021
电话/0431-86037503 传真/0431-86037589
印刷 / 三河市金兆印刷装订有限公司
版次 /2009 年 12 月第 1 版 2022 年 1 月第 6 次印刷
开本/650mm×960mm 1/16
印张/8 字数/30千
书号/ISBN 978-7-5463-1289-7
定价/34.80元

关于《中国文化知识读本》

文化是一种社会现象，是人类物质文明和精神文明有机融合的产物；同时又是一种历史现象，是社会的历史沉积。当今世界，随着经济全球化进程的加快，人们也越来越重视本民族的文化。我们只有加强对本民族文化的继承和创新，才能更好地弘扬民族精神，增强民族凝聚力。历史经验告诉我们，任何一个民族要想屹立于世界民族之林，必须具有自尊、自信、自强的民族意识。文化是维系一个民族生存和发展的强大动力。一个民族的存在依赖文化，文化的解体就是一个民族的消亡。

随着我国综合国力的日益强大，广大民众对重塑民族自尊心和自豪感的愿望日益迫切。作为民族大家庭中的一员，将源远流长、博大精深的中国文化继承并传播给广大群众，特别是青年一代，是我们出版人义不容辞的责任。

《中国文化知识读本》是由吉林出版集团有限责任公司和吉林文史出版社组织国内知名专家学者编写的一套旨在传播中华五千年优秀传统文化，提高全民文化修养的大型知识读本。该书在深入挖掘和整理中华优秀传统文化成果的同时，结合社会发展，注入了时代精神。书中优美生动的文字、简明通俗的语言、图文并茂的形式，把中国文化中的物态文化、制度文化、行为文化、精神文化等知识要点全面展示给读者。点点滴滴的文化知识仿佛繁星，组成了灿烂辉煌的中国文化的天穹。

希望本书能为弘扬中华五千年优秀传统文化、增强各民族团结、构建社会主义和谐社会尽一份绵薄之力，也坚信我们的中华民族一定能够早日实现伟大复兴！

目录

一 黄河流域食区

黄河流域地处北温带，是中华民族的发祥地，长期以来都是中国政治、经济、文化的中心地区。黄河流域食区包括北京、天津、山东、山西、河南、陕西、甘肃、宁夏等省市区，以鲁菜风味最为典型。如今鲁菜也已成为我国覆盖面最广的地方风味菜系，从齐鲁到京畿，从关内到关外，影响所及已达黄河流域、东北地带。其主要特色是以炸、爆、熘、烩、扒、炖为主，锅塌最为拿手，最擅长用酱。

（一）北京名吃

北京是个骄傲的名字，源于她悠久的文化传统和无可取代的历史地位。北京人厚重、大气，尽显古都遗风。北京人的性

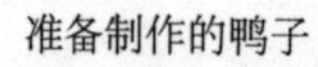

准备制作的鸭子

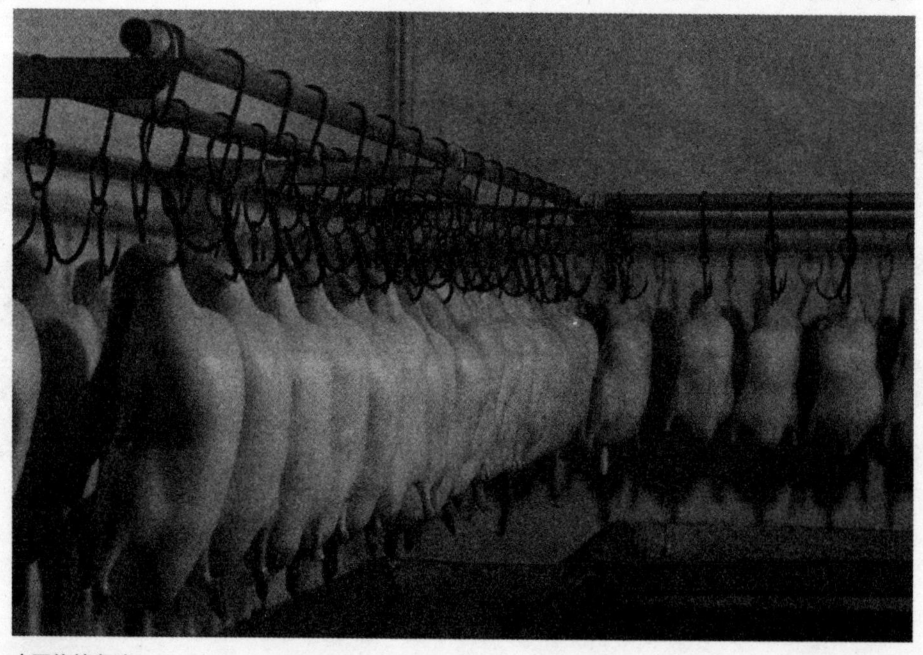

格实在，对人自然而随和。几百年传统文化的积淀，在北京人的心中自然凝练出一份正统和骄傲，又不时透出一丝岁月的苍凉。北京人骨子里对传统文化有一份天然的坚守，这也使北京人有时会显得有些保守。

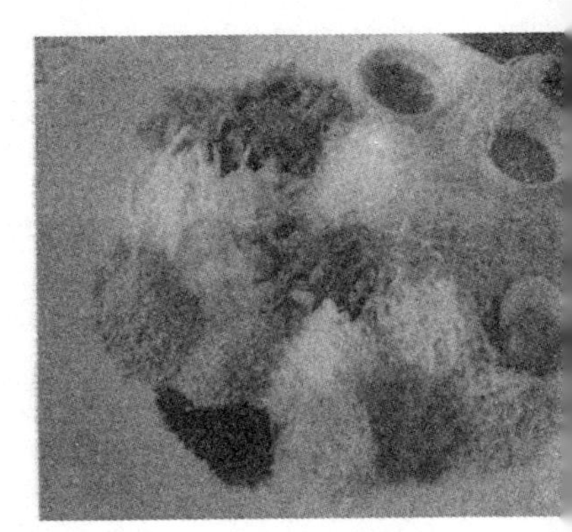
谭家菜

作为首都，北京自然有一种海纳百川的气度。“北京的胃”吃掉了中国的八大菜系，还吃掉了世界各地的特色美食，大有食尽八方的气派。中国各地的特色美食皆能在北京找到缩影。北京人好吃，饭店广布，小吃更是数不胜数。功名万里外，心事一杯中。北京人爱喝酒，有北方人豪饮的气魄，又不乏细腻动情之处。北京人喝茶讲究用盖碗，再配以果脯、花生、瓜子等小点心。饮茶之余，侃侃大山，上至火箭升天，国家大事；下至家长里短，鸡毛蒜皮，无所不谈。

1. 北京特色

谭家菜：北京菜中，不仅有世界著名的宫廷菜，还有一批精美的由私家烹调出名的官府菜，谭家菜便是其中的突出代表。谭家菜是清末官僚谭宗浚的家传筵席，因其是同治二年的榜眼，又称“榜眼菜”。谭家菜烹制方法以烧、炖、煨、靠、蒸为主，谭家菜“长于干货发制”“精于高汤老火烹饪海八珍”。如今，谭家菜成了

北京烤鸭

唯一保存下来，由北京饭店独家经营的官府菜。

北京烤鸭：历史悠久，早在南北朝《食珍录》中即有“炙鸭”字样出现，南宋时，烤鸭已成为临安（杭州）“食市”中的名品。后来元破临安，元将伯颜曾将临安城里的

烤鸭的制作工艺十分讲究

百工技艺徙至大都，于是烤鸭也就传到了北京，并成为元宫御膳奇珍之一。随着朝代的更替，烤鸭成为明、清宫廷的美味。明代，烤鸭还是宫中元宵节必备的佳肴，后正式命为“北京烤鸭”。随着社会发展，北

北京老字号全聚德

京烤鸭逐步由皇宫传到民间。北京烤鸭以挂炉烤、焖炉烤最为普遍，另外还有叉烧烤。北京烤鸭营养丰富、味道鲜美，且吃法多样，最适合卷在荷叶饼里或夹在空心芝麻烧饼里吃，可根据个人口味加上适当的佐料，如葱段、甜面酱、蒜泥等。北京烤鸭中最辉煌的当属全聚德了，这一百年老字号堪称北京烤鸭的形象大使。

涮羊肉：在北京，涮羊肉几乎无人不知，无人不晓。涮羊肉据说起源于元代，当年元世祖忽必烈统帅大军南下远征，一日，人困马乏，饥肠辘辘，他猛想起家乡的菜肴——清炖羊肉，于是吩咐部下杀羊烧火。

正当伙夫宰羊割肉时，探马飞奔进帐报告敌军逼近。饥饿难忍的忽必烈一心等着吃羊肉，他一面下令部队开拔，一面喊：“羊肉！羊肉！”厨师知道他性情暴躁，于是急中生智，飞刀切下十多片薄肉，放在沸水里搅拌几下，待肉色一变，马上捞入碗中，撒下细盐。忽必烈连吃几碗翻身上马率军迎敌，结果旗开得胜。

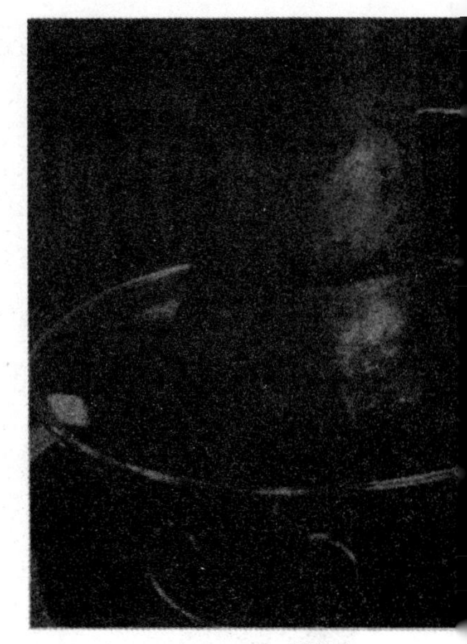
涮羊肉

在筹办庆功酒宴时，忽必烈特别点了那道羊肉片。厨师选了绵羊嫩肉，切成薄片，再配上各种佐料，将帅们吃后赞不绝口。厨师忙迎上前说：“此菜尚无名称，请帅爷赐名。”忽必烈笑答：“我看就叫‘涮羊肉’吧！”从此，“涮羊肉”就成了宫廷佳肴。据说直到光绪年间，北京“东来顺”羊肉馆的老掌柜买通了太监，从宫中偷出了“涮羊肉”的佐料配方，才使这道美食传至民间。

2. 趣味多多的小吃

北京小吃品目繁多，历史悠久。有的源于清朝皇室御膳中的几种吃食，如萨其马、豌豆黄、小窝头、艾窝窝等。也有的来源于民间民俗，是地道的百姓食物，它们与时令节气息息相关，如立春那天，人们要吃萝卜，谓之“咬春”；开春四月吃榆钱糕、玫瑰糕

臭豆腐

等；五月的新玉米，谓之“珍珠笋”。还有清真食品，如油炒面、羊杂碎、切糕等。京味小吃处处都透着老北京的浓浓情意，几乎每种小吃都蕴含着一个传说或故事。

有滋有味臭豆腐：豆腐乳的一种，颜色呈青色，闻起来臭，吃起来香。流传至今三百多年，是北京的民间休闲小吃。

相传康熙八年，安徽人王致和进京赶考，名落孙山后又无钱回家，所以就在北京卖起了豆腐。由于夏天天气闷热，卖剩的豆腐不易储存，王致和便把豆腐切成块后封在坛子里。过了很长时间后，王致和才想起来坛子中的豆腐，于是他赶忙打开坛子，顿时臭味漫天，豆腐全变成了绿色，好奇之下，王致和尝了口豆腐，却发觉味美无比，就这样，臭豆腐产生了。臭豆腐曾作为御膳小菜送往宫廷，受到慈禧太后的喜爱，赐名“御青方”。

治病秘方冰糖葫芦：绍熙年间，宋光宗最宠爱的黄贵妃面黄肌瘦，不思饮食。御医用了许多贵重药品，都不见什么效果。皇帝见爱妃日见憔悴，也整日愁眉不展，无奈之下只好张榜求医。一江湖郎中揭榜进宫，为黄贵妃诊脉后说：“只要用冰糖与山楂煎熬，每顿饭前吃五至十枚，不出半月就会见好。”贵妃按此办法服用后，果然如期痊愈了。后来此方传至民间，人们将野果用竹签串成串

冰糖葫芦

冰糖葫芦开胃消食，深受百姓喜欢

后蘸上麦芽糖稀，糖稀遇风迅速变硬，就成了冰糖葫芦。如今北京有冰糖葫芦老字号三家：“信远斋”“九龙斋”“不老泉”。

“北京可乐”豆汁儿：没有喝过豆汁儿，不算到过北京。豆汁儿实际上是制作绿豆淀粉或粉丝的下脚料。它用绿豆浸泡到可捻去皮后捞出，加水磨成细浆，倒入大缸内发酵，沉入缸底者为淀粉，上层飘浮者即为豆汁。制作豆汁须先用大砂锅加水烧

豆汁

开，兑进发酵的豆汁再烧开，再用小火保温，随吃随盛。豆汁儿极富蛋白质、维生素C、粗纤维和糖，并有祛暑、清热、温阳、健脾、开胃、去毒、除燥等功效。《燕都小食品杂咏》中说："糟粕居然可作粥，老浆风味论稀稠。无分男女齐来坐，适口酸盐各一瓯。""得味在酸咸之外，食者自知，可谓精妙绝伦。"

"因祸得福"驴打滚：驴打滚，即豆面糕。据记载："红糖水馅巧安排，黄面成团豆里埋。何事群呼'驴打滚'，称名未免近诙谐。""黄豆黏米，蒸熟，裹以红糖水馅，滚于炒豆面中，置盘上售之，取名'驴打滚'真不可思议之称也。"为什么将黄面糕叫做驴打滚？相传，有一次慈禧太后吃烦了宫里的食物，想尝点儿新鲜玩意儿。这可难到了御膳大厨，左思右想后决定用江米粉裹红豆沙做一道新菜。新菜刚一做好，一个叫“小驴儿”的太监来到了御膳厨房，谁知这小驴儿一不小心把刚刚做好的新菜碰到了装着黄豆面的盆里。这可急坏了御膳大厨，但此时再重新做又来不及，没办法，大厨只好硬着头皮将这道菜呈给慈禧太后。慈禧太后一吃觉得这新玩意儿还不错，就问大厨：“这叫什么呀？”大厨想到了太监小驴儿，于是就说是“驴打滚”。慈禧非但不怪罪，还给予了赏赐。

“忆苦思甜”的窝头：窝头旧时是穷人

驴打滚

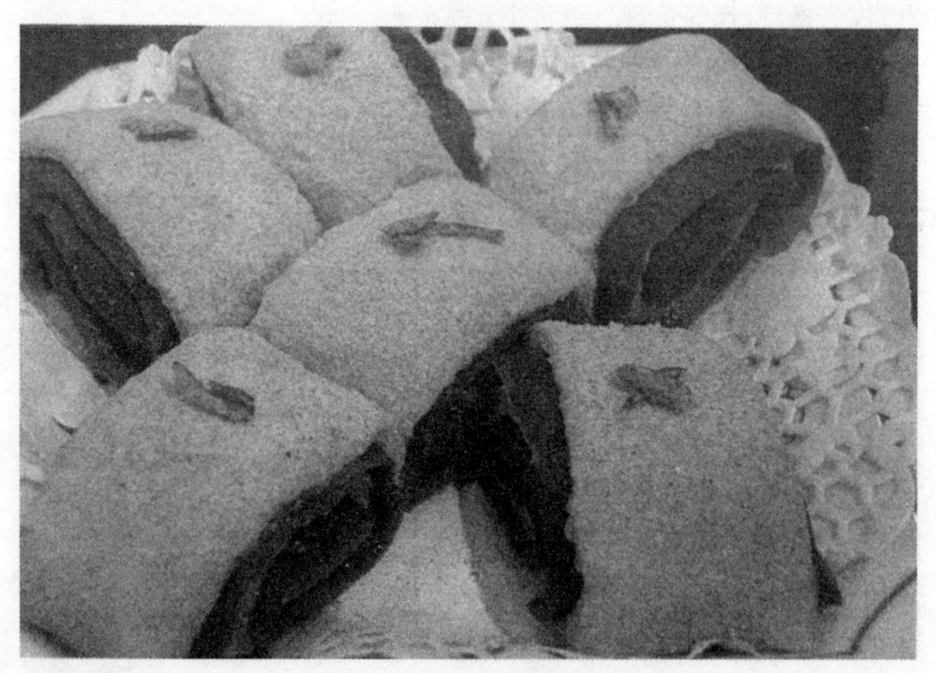

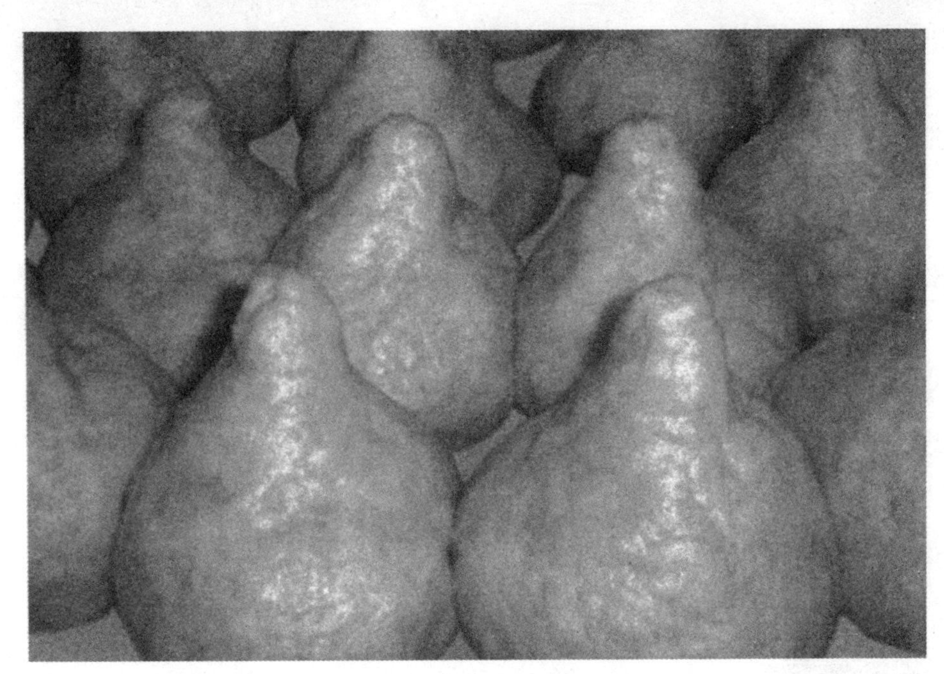

窝窝头

吃的，基本上是贫穷的同义词，可这小小的窝头却有一段故事。当年八国联军进北京，慈禧太后仓皇出京，一路艰辛，哪还能玉盘珍馐，有一天吃到窝头，慈禧顿觉美味异常。后来重新返京，慈禧便命人专门做窝头给她吃，慈禧吃了栗子面做的窝头，仍觉口味不错，于是赏给王公大臣一同品尝，用来忆苦思甜。这小窝头于是显贵起来，现在北京仍有许多地方卖这种栗子面窝头。

“琼浆玉露”杏仁茶：“一碗琼浆真适合，香甜莫比杏仁茶”。此茶是将杏仁用小磨细磨，再和糯米屑同煮，加水加糖，同滚开的水冲至糊糊状，味道甜香可口。

酸酸甜甜酸梅汤：酸梅汤名气很大。有诗曰：“铜碗声声街里唤，一瓯冰水和梅汤。”此汤做法简单，关键在于火候。“以酸梅和冰糖煮之，调以玫瑰、木樨、冰水，其凉振齿。”地道的北京酸梅汤既营养可口又解热镇渴。

天津老字号狗不理

（二）天津名吃

天津地处九河下游，有九条大河汇于一起。地处交通枢纽的位置，五湖四海之民往来于市，络绎不绝，由此可见天津之繁华。

天津人的性格深深地打上了河流文化的烙印。天津人开放豁达、眼界广阔，在与各地人的交往中，养成了爱交流且幽默的特点，仅从天津小吃的名字就能感受到这种幽默感，什么“狗不理”“耳朵眼”等。

天津是个移民城市，南来北往的人带来了全国各地的特色名吃，也冲淡了天津本地菜的特色，天津并没有形成自己的菜系。地理条件因素使得天津的饮食文化带有典型的漕运文化特征，不讲求食物的精巧，但求方便实惠，带有强烈的平民意识。天津小吃有三绝：狗不

狗不理包子形如菊花

理包子、十八街麻花和耳朵眼炸糕。其中名气最大莫过于狗不理包子，这小小的包子已成为天津的一个标志。

狗不理包子：历经一百四十多年，经几代大师不断创新改良已形成包括传统的猪肉包、三鲜包、肉皮包和创新的海鲜包、野菜包、全蟹包等六大系列的一百多种品味，可谓百包百味。

“狗不理”创始于1858年。清咸丰年间，河北武清县杨村有个年轻人，名叫高贵友，因其父四十得子，为求平安养子，故取乳名“狗子”，期望他能像小狗一样好养活。狗子14岁来天津学艺，在天津南运河边上的刘家蒸吃铺做小伙计，狗子心灵手巧又勤学好问，在师傅们的精心指点下，他练就一手做包子的好手艺，很快就小有名气了。三年满师后，高贵友就独立出来，自开了一家专营包子的小吃铺“德聚号”。由于高贵友手艺好又公道，制作的包子口感柔软、鲜香不腻、形似菊花，色香味形都独具特色，引得十里百里的人都来吃包子，生意兴隆，很快就声名远播。由于来吃包子的人越来越多，高贵友忙得顾不上跟顾客说话，这样一来，吃包子的人都戏称他“狗子卖包子,不理人”。久而久之,人们喊顺了嘴,都叫他“狗不理”。

据说后来袁世凯任直隶总督在天津编练

狗不理包子被誉为天津一绝

新军时，曾把“狗不理”包子作为贡品献给慈禧太后。慈禧太后尝后大悦：“山中走兽云中雁，陆地牛羊海底鲜，不及狗不理香矣，食之长寿也。”从此，狗不理包子名声大振。

狗不理包子之所以备受欢迎，誉满天下，关键在其用料精细，制作讲究，规格明确，褶花匀称，真是味道鲜美又花样美观。

胡同眼里有炸糕：耳朵眼炸糕是用优质糯米作皮面，红小豆、赤白砂糖炒制成馅，以香油炸制而成。成品外型呈扁球状，淡金黄色，皮外酥脆内软粘，

“狗不理”成了天津的一张饮食文化名片

耳朵眼炸糕

馅心黑红细腻，香甜适口。耳朵眼炸糕的生产有百余年历史，清光绪年间，创始人“炸糕刘”以卖炸糕谋生，由于精工细做，并逐渐形成独特风格，加之该店铺选址北门外窄小的耳朵眼胡同出口处，被众食客戏称为“耳朵眼炸糕”，至今旺销不衰。

十八街麻花：麻花创始人是范贵才、范贵林兄弟，他们曾开了“桂发祥”和“桂发成”两家麻花店，后来两家并一家，成了“桂发祥”，叫它“十八街”是因为当年这两家店铺都坐落在天津大沽南路十八

天津十八街麻花

街，因地而得名。麻花的主料是面粉、花生油和白糖，又加了桂花、青梅等十几种小料。需要发酵、熬糖、配料、制馅、和面、压条、劈条、对条、成型和炸制等十道工序。由十根细条组成，在白条和麻条中间夹一条含有桂花、闵姜、桃仁、瓜条等多种小料调制的酥馅，拧成三个花，成为什锦夹馅大麻花。

（三）山东名吃

山东古为齐鲁之邦，地处黄河下游半岛，三面环海，腹地有丘陵平原。境内山川纵横，河湖交错，沃野千里，山珍海味、

山东有着丰富的饮食文化

瓜果蔬菜、粮食牲畜，无不应有尽有。这为鲁菜提供了取之不尽、用之不竭的原材料，所以山东自古饮食文化发达，鲁菜也成为北方菜的代表。

山东自古多好汉、侠客，山东人性格豪迈激荡，又深受儒学影响，注重礼俗，民风淳朴厚实。于是鲁菜也形成了大气质朴的特色，颇有“食中好汉”的味道。

贾思勰在《齐民要术》中对黄河中下游地区的烹饪术作了较系统的总结，记下了众多名菜做法，反映出当时鲁菜发展的高超技艺。袁枚称：“滚油炮（爆）

九转大肠

炒，加料起锅，以极脆为佳，此北人法也。”经过兼收并蓄，长期积淀，鲁菜形成了独特的烹饪技巧，有爆、扒、摊、炒、烧、炸、溜、蒸、贴等烹调技法达三十种以上。其中又以爆为最，可分为油爆、汤爆、葱爆、酱爆、火爆等多种。鲁菜讲究调味纯正，口味偏于咸鲜，具有鲜、嫩、香、脆的特色。鲁菜还十分讲究清汤和奶汤的调制，清汤色清而鲜，奶汤色白而醇。

山东名品名吃有：

八仙过海闹罗汉：这是孔府喜寿宴第一道菜，选用鱼翅、海参、鲍鱼、鱼骨、鱼肚、虾、芦笋、火腿为“八仙”。将鸡脯肉剁成泥，在碗底做成罗汉钱状，称为“罗汉”。

九转大肠：济南九华林酒楼店主将猪大肠洗涮后，加香料开水煮至软酥取出，切成段后，加酱油、糖、香料等制成又香又肥的红烧大肠，闻名于市。后来在制作上又有所改进，将洗净的大肠入开水煮熟后，入油锅炸，再加入调味和香料烹制，此菜味道更鲜美。文人雅士根据其制作精细如道家“九炼金丹”一般，将其取名为“九转大肠”。

糖醋黄河鲤鱼：这是济南的传统名菜，早在《济南府志》就有“黄河之鲤，南阳之蟹，且入食谱”的记载。在制作时，先将鱼身割上刀纹，外裹芡糊，下油炸后，头尾翘起，再用著名的洛口老醋加糖制成糖醋汁，浇在鱼身上。此菜色泽深红，香味扑鼻，外脆里嫩，酸甜可口，是名副其实的佳肴。

德州扒鸡：全名叫德州五香脱骨扒鸡，是由烧鸡演变而来，其创始人为韩世功。据《德州市志》《德州文史》记载：韩记为德州五香脱骨扒鸡首创之家，产生于明万历四十三年（1616 年），世代相传至今。清乾隆帝下江南，曾在德州逗留，点名要韩家做

糖醋黄河鲤鱼

鸡品尝，吃后赞为“食中一奇”，此后便为朝廷贡品。1911 年，韩世功老先生总结韩家世代做鸡之经验，制作出具有独特风味的“五香脱骨扒鸡”，韩老先生也成为第一代扒鸡制作大师。

德州扒鸡之所以经久不衰，其原因之一就是选料十分严格。德州扒鸡行业广泛流传着一句话：“原料是基础，生产加工是保证。”制作扒鸡使用的毛鸡必须是鲜活健壮的，运输中挤压死掉的必须弃之不用。

油爆大蛤：鲁菜名品，在山东沿海历史已久。宋朝时已有所制，沈括《梦溪笔谈》中就记载有用油烹制蛤的方法。此法经历代厨师改

德州扒鸡

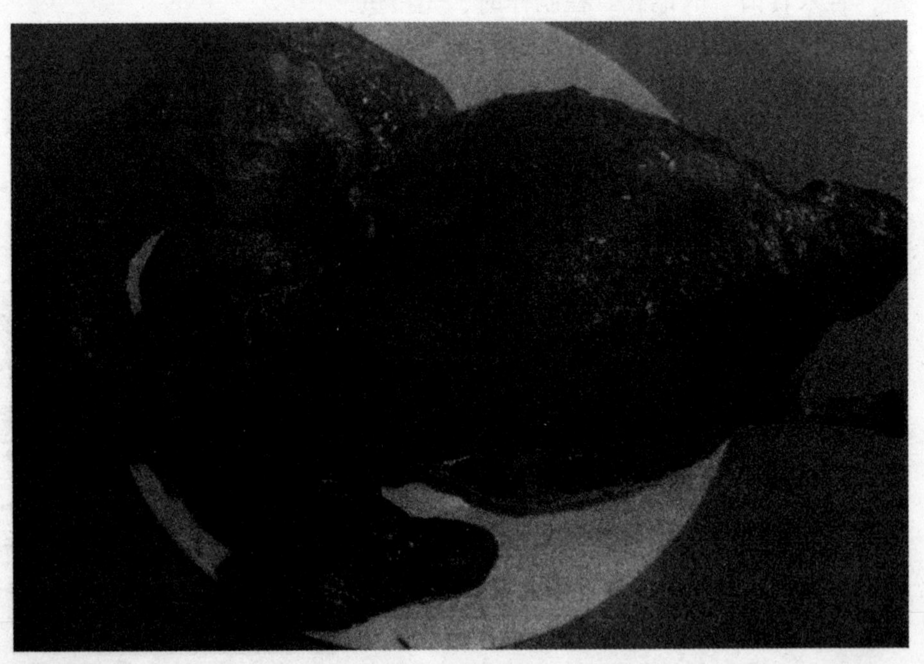

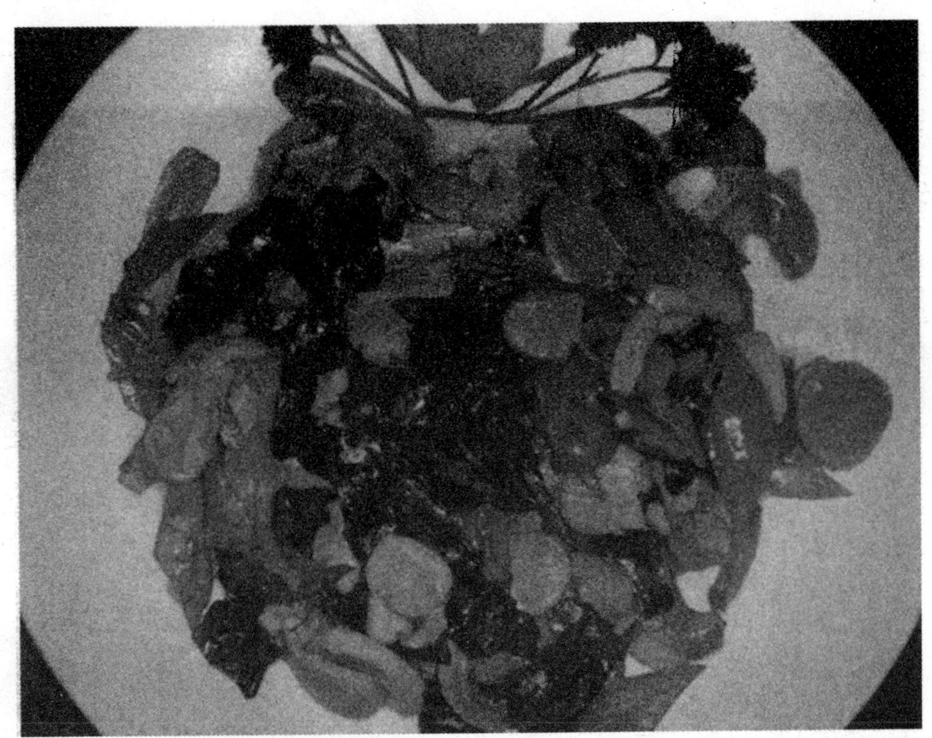

油爆大蛤

进，在清朝形成现在的“油爆大蛤”，成为山东传统菜品。

（四）山西名吃

山西是华夏文明起源的中心区域之一。古史记载“尧都平阳，舜都蒲坂，禹都安邑”，说的就是山西。山西由黄河水系哺育而成，具有浓郁的黄土高原气息，有着源远流长的文化传统，是厚重的黄河文化的主要代表之一。

北方人爱吃面，人所皆知。可要论做面技法之巧，面食形状之繁，面品种类之多，面条名气之大，当首推山西。山西人以面为

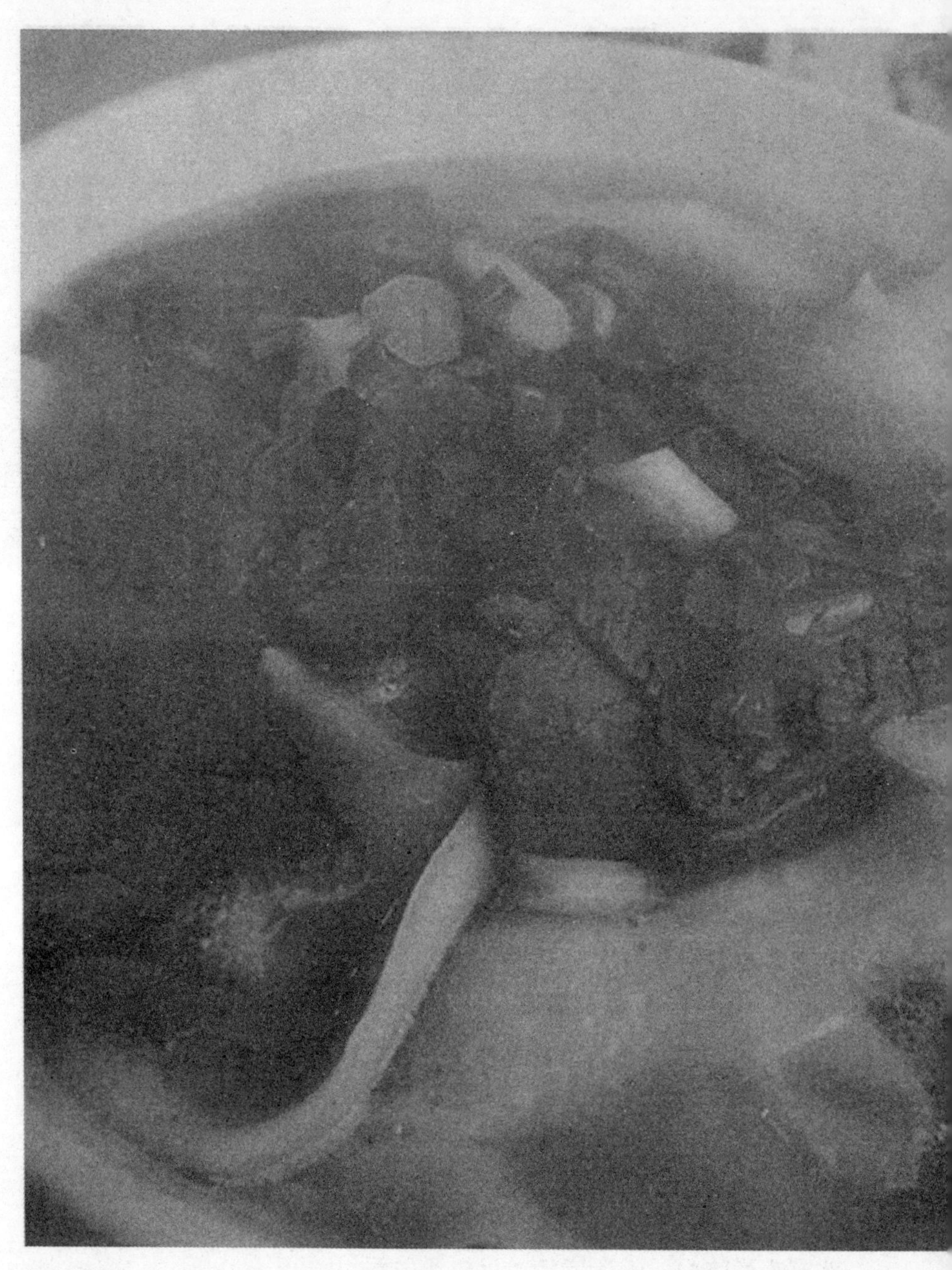

山西刀削面

主食，可谓顿顿有面，面不离饭，他们不但爱吃面，而且更会做面。从一团普通的面到一碗喷香四溢的面食，面团实现了“自我价值”，而这都源自做面者的生花妙手。或压，或擀，或削，或拉，或揪，或剔，或擦，在一系列巧技之下，面团百般变化，时长时短，却薄厚有致。时粗时细，却软硬相宜。山西面食种类繁多，共计达二百多种，令人眼花缭乱。在这众多的面食里，有四种脱颖而出，独领风骚，它们就是号称“山西四大名面”的刀削面、刀拔面、拉面和剔尖。

山西老醋

山西人被称为“老醯”。醯，就是醋，可见山西人对醋的热爱。对于山西人，无论何种食物都缺醋不可。饭要有醋香，菜要有醋味，所谓“无醋不食”。山西有陈醋、普醋、双醋、特醋、名特醋、味醇等许多品种。山西人为什么这么爱吃醋？原因是山西水碱性强，所以要通过食醋来中和摄入体内的过多的碱，以达到酸碱平衡、促进消化的目的。山西名醋众多，唯有“老陈醋”最为有名，其味甜绵酸香，不仅提味，还可消食、美容、杀菌，尤其还具有香、绵、不沉淀的特点。

山西名吃有：

刀削面：传说，元朝为防止“汉人”造反将家家户户的金属全部没收，并规定每十户共用一把厨刀，切菜做饭轮流使用，用后还要交回保管。某天中午，一位老婆婆将玉米、高粱面和成面团，让老汉取刀。结果刀被别人取走，老汉只好返回，回来时脚被一块薄铁皮碰了一下，他顺手拣起来揣在怀里。回家后，锅开得直响，全家人都等刀切面吃。可是刀没取回来，老汉急得团团转，忽然想起怀里的铁皮，就取出来说：“就用这个切面吧！”老婆婆一看，

刀削面是山西百姓日常喜欢的面食

铁皮薄而软，嘟囔着说：“这么软咋能切面条。”老汉气愤地说：“切不动就砍。”“砍”字提醒了老婆婆，她把面团放在一块木板上，左手端起，右手持铁片，站在开水锅边“砍”面，一片片面片落入锅内，煮熟后捞到碗里，浇上卤汁让老汉先吃，老汉边吃边说：“好得很，好得很，以后不用再去取厨刀切面了。”这样一传十，十传百，传遍了晋中大地。至今，晋中的平遥、介休、汾阳、孝义等县，不论男女都会削面。后来，这种“砍面”又经过多次改革就演变成现在的刀削面。刀削面全凭刀削，所以面叶中厚边薄，棱锋分明，形似柳叶；入口外滑内筋，软而不粘，柔中

风味独特的山西刀削面

岐山擀面皮

有硬，软中有韧，浇卤、或炒或凉拌，如略加山西老陈醋食之尤妙。刀削面因其独特风味而与北京的炸酱面、山东的伊府面、武汉的热干面、四川的担担面同称为“中国五大面食名品”。

岐山擀面皮：岐山擀面皮最初源于三百多年前的康熙年间，当时岐山县北郭乡八亩村里有一个叫王同江的人，在皇宫中当御厨，他根据自己的丰富经验，在烹

岐山擀面皮几近透明，津而耐嚼

饪实践中摸索制作这道美食，结果深受皇后嫔妃们的喜爱。后来，岐山擀面皮传至民间，如今成为山西的名吃。

岐山擀面皮以“白、薄、软、香”而闻名，其形似宽面，几乎透明，津而耐嚼，再同泼油辣椒、盐水、香醋等调料加以调和，口感极佳。当地人在夏日经常将其当做主食，就是在寒风凛冽的冬天也是桌上佳品。

河南美食浆面条

（五）河南名吃

河南是中华民族最重要的发源地，古有“中原”之称。河南历史悠久，文化底蕴丰富。洛阳、开封、安阳、郑州都是我国著名的古都。中原文化博大精深，源远流长，是中华民族传统文化的根源和主干。

河南名吃有：

套四宝：是河南菜的代表作，因集鸭、鸡、鸽子、鹌鹑四味于一体，四禽层层相套且形体完整而得名。“套四宝”的套是个关键，这需要鸭、鸡、鸽子、鹌鹑首尾相照，身套身，腿套腿。诀窍是在给加工洗净的鹌鹑肚里填充海参蘑菇配料后，用竹针把破口插合，在开水锅中焯一下，这不仅清除血沫，更主要的是使皮肉紧缩，便于在鸽子腹内插套。鸽子套进鹌鹑后，仍要在锅中开水焯一下，然后再向鸡腹插套，同样焯过的鸡再向鸭腹填充，最后成了体态浑圆，内容丰富的四宝填鸭。再配以佐料，装盆加汤，上笼蒸熟，从里到外通体酥烂，醇香扑鼻，端盆上桌。

道口烧鸡：中华名吃，始创于清

道口烧鸡

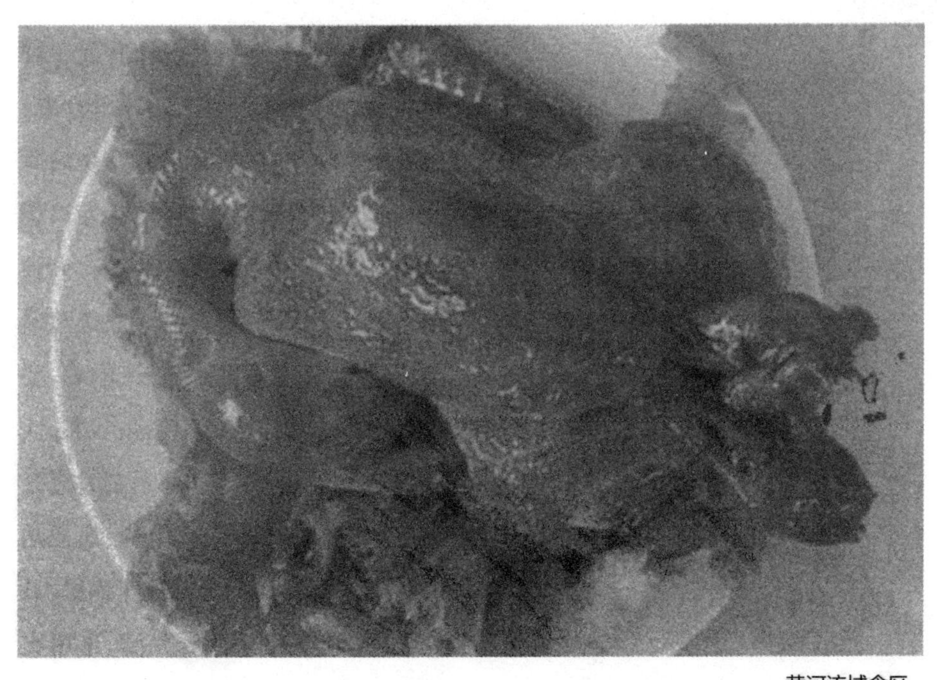

名扬八方的道口烧鸡

朝顺治十八年（1661 年），至今已有近三百五十年的历史。据《浚县志》及《滑县志》记载，屡经摸索改进，得清宫御膳房的御厨制作烧鸡秘方，味道独特香美。道口烧鸡在选鸡、宰杀、撑型、烹煮、用汤、火候等方面，都有一套严格的手艺。它选鸡严格要选两年以内的嫩鸡。挑来的鸡，要留一段候宰时间，让鸡消除紧张状态，恢复正常的生理机能，以利于杀鸡时充分放血，也不影响鸡的颜色。配料、烹煮是最关键的工序。将炸好的鸡放在锅里，对上老汤，配好佐料，用武火煮沸，再用文火慢煮。烧鸡的造型更是独具匠心，鸡体开剖后，用一段高粱秆把鸡撑开，形成两头尖尖的半圆形，别致美观。

道口烧鸡的制作技艺历代相传，与北京烤鸭、金华火腿齐名，被誉为“天下第一鸡”。豫北滑县道口镇，素有“烧鸡之乡”的称号。其老字号“义兴张”开业已近三百年了，始终保持独特的风味，其色、香、味、烂被称为“四绝”。据传，一次嘉庆皇帝巡路过道口，忽闻奇香而振奋，问左右人道：“何物发出此香？”左右答道：“烧鸡。”随从将烧鸡献上，嘉庆尝后龙颜大悦：“色、香、味三绝。”此后，道口烧鸡成了清廷的贡品。

砂锅伊府面：河南传统风味名吃，以汤鲜、面筋、营养丰富而享誉中原。相传唐朝邺城（今河南安阳）有位姓伊的将军，有一次，他回故里省亲，不料立足未定，皇帝便传来圣旨，令其还朝。伊家顾不得制办酒筵，家厨性急之下，将面粉用鸡蛋和成面块擀切成面条，下油锅烹炸，用当地一种砂锅，内添入高汤，汤开后加入海参、鱿鱼、猴头、蹄筋、玉兰片、海米、香菇、熟鸡丝、木耳等主菜、配料，并佐以大油、胡椒、辣椒油

砂锅伊府面

等，熟后端给伊将军品尝，既为将军接风，又为将军送行。由于用料考究，面条筋滑软嫩，汤鲜味美，受到将军大加赞赏。后此面传入民间，人们称为“伊府面”。

胡辣汤：原产河南的一种汤类小吃。顾名思义，放入了胡椒和辣椒又用骨头汤做底料的胡辣汤又香义辣，如今已成为广为河南人所喜爱的小吃之一，早上街头巷尾有很多卖胡辣汤的摊面。在河南，油饼包子油条加酸辣胡辣汤就是一道美味早餐。

河南胡辣汤来源极古，有传说为三国曹操所发明的，还有说宋代明代的，不管怎样，都说明河南人喝胡辣汤的历史已经

胡辣汤

陕西名吃羊肉泡馍

很长。胡辣汤喝多上火，河南人就把清热下火的豆腐脑和胡辣汤掺在一起喝，谓之“豆腐脑胡辣汤两搀”，简称“两掺”，既营养又不上火，可谓一举两得。

（六）甘陕风味

陕西的历史底蕴是无与伦比的。沃野千里，八水环绕，文化的积淀和历史的恩赐，使陕西人骨子里有种自豪感，如同陕北的民歌一样，陕西人透着豪放粗犷和耿直朴实。

甘肃的历史文化同样颇负盛名。敦煌莫高窟、丝绸之路、马踏飞燕、嘉峪关，莫不声名显赫。

1．陕西名吃

羊肉泡馍

牛羊肉泡馍：陕西的风味美馔，尤以西安最享盛名。它烹制精细，料重味醇，肉烂汤浓，肥而不腻，营养丰富，香气四溢，诱人食欲，食后回味无穷。因它暖胃耐饥，素为西安和西北地区各族人民所喜爱，外宾来陕也争先品尝，以饱口福。牛羊肉泡馍作为陕西名食的“总代表”还被选入国宴。

关于羊肉泡馍，还有段传说。据说宋

太祖赵匡胤未得志时曾流落长安街头，一天，身上只剩下两块干馍，馍干硬无法下咽。恰好路边有一羊肉铺正在煮羊肉，他便去恳求给一碗羊肉汤。店主见他可怜，让他把馍掰碎，浇了一勺滚烫的羊肉汤泡了泡。赵匡胤接过泡好的馍，大口吃了起来，吃得他全身发热冒汗，饥寒顿消。后来赵匡胤当了皇帝，一次出巡长安，路经当年那家羊肉铺，不禁想起当年吃羊肉汤泡馍的情景，便停车命店主做一碗羊肉汤泡馍。店主一下慌了手脚，店内不卖馍，用什么泡呢？忙叫妻子马上烙几个饼。待饼烙好，店主一看是死面的，又不太熟，害怕皇帝吃了生病，便把馍掰得碎

羊肉泡馍

碎的，浇上羊肉汤又煮了煮，放上几大片羊肉，精心配好调料，然后端给皇上。赵匡胤吃后大加赞赏，随赐银百两。这事不胫而走，传遍长安。从此来店吃羊肉汤泡馍的人越来越多，成了长安独特的风味食品。北宋大文学家苏东坡曾留下“陇馔有熊腊，秦烹惟羊羹”的诗句。

葫芦头

葫芦头：西安特有的传统风味佳肴，它以味醇汤浓、馍筋肉嫩、肥而不腻闻名于国内外。早在唐朝，长安就有一种猪肠肚做的名叫“煎白肠”的食品。相传，有一天唐代医圣孙思邈来到长安，在一家专卖猪肠、猪肚的小店里吃“杂糕”时，发现肠子腥味大、油腻重，问及店主，方知是制作不得法。孙思邈向店主说道：“肠属金，金生水，故有降火、治消渴之功。肚属土居中，为补中益气、养身之本。物虽好，但调制不当。”于是，从随身携带的葫芦里倒出西大香、上元桂、汉阴椒等芳香健胃之药物，调入锅中。果然，香气四溢、其味大增。这家小店从此生意兴隆、门庭若市。店家不忘医圣指点之恩，将药葫芦悬挂在店门首，并改名为“葫芦头泡馍”。说来有趣，1935 年前后，张学良将军的东北军，在西安因水土不服，饮食习惯差异，将士们患病很多，但是对葫芦头泡馍大家却始终很有食欲。

葫芦头泡馍之所以脍炙人口，与它精细的烹制工艺和多种调料的合理使用是分不开的。其烹制工艺主要有处理肠肚、熬汤、泡馍三道程序。肠肚要经过挼、捋、刮、翻、摘、回翻、漂，再经捋、煮、晾等十几道工序，才能达到去污、去腥、去腻的要求。

锅盔：源于外婆给外孙贺满月的礼品，后发展成为风味方便食品。锅盔面硬，饼厚。由于这种饼的外形很像古人头上带的头盔，故得名锅盔。锅盔制作工艺精细，素以“干、

锅盔

兰州拉面

酥、白、香”著称。干硬耐嚼，内酥外脆，白而泛光，香醇味美。锅盔吃起来有嚼头，易保存，不易发霉，所以人们出门时喜欢带锅盔。锅盔的朴实也很能反映陕西人的性格。关中较为有名的有乾州锅盔、长武县锅盔、岐山县锅盔。

2. 甘肃名吃

兰州牛肉拉面：清代诗人张澍曾写道：“几度黄河水，临流此路穷。拉面千丝香，唯独马家爷。美味难再期，回首故乡远。……焚香自叹息，只盼牛肉面。”那时“兰州清汤牛肉拉面”已是著名的美味小吃了。牛肉拉面在兰州俗称“牛肉面”，是兰州最具特色的大众化经济小吃。兰州人把牛肉面做出了名堂，让人吃上了瘾，还得个名扬天下。兰州拉面是汤面，而且还是清汤面，它的精彩之处就在于汤清。首先是煮好面条后分离净煮面的浑面水；其次是加入的牛肉汤是清的，不加入酱油等有色物。兰州清汤牛肉拉面继承了传统牛肉拉面的技艺，选择上等面粉，添加不含任何有害物质的和面剂，按照传统方法和面、揉面、打面、醒面、和揪面剂子，再经拉面师用手抻拉。一团面可拉出大宽、宽、韭叶、二柱子、二细、细、毛细、一窝丝、荞麦棱子等十余中不同形状的面条，如此新鲜的面条，自然比各种机制面条、干面条更美味可口了，熟练的拉面师每分钟可拉出 6-7 碗面。一般来说，兰州清汤牛肉拉面的汤采用牛肉、牛肝、牛骨、牛油及十多种天然香料熬制而成，香味扑鼻、天然香料中的助消化成分更使人食欲大增。尤其是“马家大爷牛肉面”，其调料配方独特，汤汁清爽、诸味和谐、牛肉软中带筋、滋味绵长、萝卜白净、辣油红艳、香菜翠绿、面条柔韧、滑利爽口、香味扑鼻，更是美味无比，堪称兰州牛肉面中的极品。

兰州拉面

浆水面：浆水，既可做清凉饮料，又能

浆水面

在吃面条时做汤。再加上葱花、香菜调味，更是脍炙人口。浆水有清热解暑之功效，在炎热的夏天，喝上一碗浆水，或者吃上一碗浆水面，立即会感到清凉爽快，还能解除疲劳，恢复体力。浆水对某些疾病也有疗效，高血压病患者经常吃一点芹菜浆水，能起到降低和稳定血压的作用。据说对肠胃和泌尿系统的某些疾病，浆水也有一定的疗效。

二 长江中上游食区

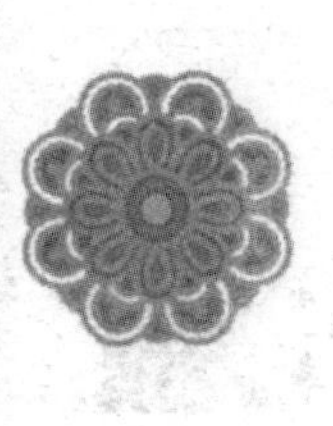

蜿蜒的长江

长江发源于青藏高原的唐古拉山脉各拉丹冬峰西南侧。干流流经青海、西藏、四川、云南、重庆、湖北、湖南、江西、安徽、江苏、上海十一个省、自治区和直辖市，于崇明岛以东注入东海。长江的“稻作文明”深刻影响中国饮食文化的形成和发展。长江中上游地区是主要受川菜影响的食区，包括四川、重庆、湖北、湖南等地。

川菜

（一）四川名吃

四川偏安西南，物产丰富，古有天府之国之称。群山环抱，盆地镶嵌，自成一体。四川人性格深受盆地文化影响，一方面，温文尔雅，性逸好乐，富娱乐精神，比如人们常称成都为“休闲之都”，还常会把一个“安逸”放在嘴边。可另一方面，四川人又不安于久居盆地之中，故敢闯敢拼，性格极具变通，具有蓬勃的创造力。四川宝地，钟灵毓秀，自古便是人杰地灵，才人辈出之地。

四川是一个平民意识强烈的地方。川菜实惠，价格相对低廉，符合大众饮食的潮流。川菜享有“一菜一格，百菜百味”的美誉。

有干烧、鱼香、怪味、椒麻、红油、姜汁、糖醋、荔枝、蒜泥等复合味型，如咸鲜味型、家常味型、麻辣味型、糊辣味型、鱼香味型、姜汁味型、怪味味型、椒麻味型、酸辣味型等二十多种，形成了川菜的特殊风味。川菜的特点是突出麻、辣、香、鲜、油大、味厚，重用“三椒”（辣椒、花椒、胡椒）和鲜姜。在烹调方法上擅长炒、滑、熘、爆、煸、炸、煮、煨等，尤为小煎、小炒、干煸和干烧有其独到之处。

1. 川菜名品

干烧岩鲤：岩鲤学名岩原鲤，又称黑鲤，分布于长江上游及嘉陵江、金沙江水系，

干烧岩鲤

一品熊掌

生活在底质多岩石的深水层中，常出没于岩石之间，体厚丰腴，肉紧密而细嫩。干烧岩鲤是用四川特产岩鲤和猪肉炸、烧制而成，为川味宴席菜中的珍品，成菜色泽金黄带红光亮，味道鲜香微辣。

一品熊掌: 川菜高级筵席上的名贵头菜。“一品”既可作封建社会最高官阶的解释，也可以作名贵高级菜的形容。此菜是用传统的红烧法烹制，咸鲜味型。色泽红亮，掌形完美，质地软糯，汁稠发亮。成菜后形象之富丽华贵，真可谓“一品”。

夫妻肺片：细腻、微辣、香、甜、鲜、回味可口。这道菜有牛舌、牛心、牛肚、牛

夫妻肺片

头皮，还有牛肉，但始终就没有牛肺，所以各位食客在品尝时千万不要认为这“肺片”就是牛肺片，要知道此“肺片”本无“肺”，只是因缘巧合造成的名不副实而已。有个传说，三国时安汉有一对夫妻，在嘉陵江畔开了一个小卤菜酒店，主要供渡口来往人员食用，当时江中渔人、渔舟及商船很多，生意很红火。当时巴西郡太守张飞常来此饮酒，感觉这道凉菜尤其味美可口，对夫妇两人的手艺特别称赞，就将此菜取名为“夫妻肺片”。

麻婆豆腐：特色在于麻、辣、烫、香、酥、嫩、鲜、活八字。“麻婆豆腐”因何得名？

成都有这样一个传说：清光绪年间，成都万宝酱园一个姓温的掌柜，有一个满脸麻子的女儿，叫温巧巧。她嫁给了马家碾一个油坊的陈掌柜，后来丈夫死了，巧巧和小姑的生活成了问题。巧巧左右隔邻分别是豆腐铺和羊肉铺，于是她把碎羊肉配上豆腐炖成羊肉豆腐，味道辛辣，街坊邻居尝后都认为好吃。于是，两姑嫂把屋子改成食店，前铺后居，以羊肉豆腐作招牌菜招待顾客。小食店价钱不贵，味道又好，生意很是兴旺。巧巧寡居再未改嫁，一直靠经营羊肉豆腐维持生活。她死后，人们为了纪念她，就把羊肉豆腐叫做“麻婆豆腐”。

麻婆豆腐

回锅肉

回锅肉：四川家家都能做回锅肉，到四川回锅肉不能不吃，俗话说“入蜀不吃回锅肉，等于没有到四川”。现在回锅肉的品类很多，连山回锅肉、干豇豆回锅肉、红椒回锅肉、蕨菜回锅肉、酸菜回锅肉、莲白回锅肉、蒜苗回锅肉、蒜薹回锅肉等，其口感皆油而不腻。传说这道菜是从前四川人初一、十五打牙祭（改善生活）的当家菜。当时做法多是先白煮，再爆炒。清末时成都有位姓凌的翰林，因宦途失意退隐家居，潜心研究烹饪。他将原煮后炒的回锅肉改为先将猪肉去腥味，以隔水容器密封的方法蒸熟后再煎炒成菜。因为久蒸至熟，减少了可溶性蛋白质的损失，保持了肉质的浓郁鲜香，原味不失，色泽红亮。自此，名噪锦城的久蒸回锅肉便流传开来，而家常的做法还是以先煮后炒居多。

川菜

鱼香肉丝：以鱼香调味而定名。相传以前四川有户生意人家，他们家里的人很喜欢吃鱼，对调味也很讲究，所以他们烧鱼时都要放一些葱、姜、蒜、酒、醋、酱油等去腥增味的调料。一天晚上，这家的女主人在炒另一道菜时，为了不浪费配料，就把上次烧鱼时用剩的配料放进这道菜中，没想到炒出了令全家人大开口味的美味。这款菜也因为是用烧鱼的配料来炒的，故取名为“鱼香炒”，后来的鱼香炒杂菜、鱼香炒饭、鱼香肉丝都因此得名。

担担面：用花椒、红油、酱油、醋、味精、葱等佐料做成碎肉臊子，加在煮好的面上，就成了担担面。担担面最有名的要数陈包包的担担面，1841 年由自贡一位名叫陈包包的小贩创始，因其最初是挑着担子沿街叫卖而得名。过去成都走街串巷的担担面，用一中铜锅隔两格，一格煮面，一格炖鸡或炖蹄髈。现在成都、重庆、自贡等地的担担面，多已改为店铺经营，但依旧保持原有特色，其中尤以成都的担担面特色最浓。

川菜

2. 成都小吃

成都小吃甲天下，小吃店数量之多，可谓全国之冠。成都是一个平民化的城市，到处弥漫着大众的朴实与亲切。川人口味，不讲究名气，不过分追求环境，但求个美味与实惠。成都小吃价格低廉，花钱不多就可以吃到许多美味的小吃，可谓美食天堂。

成都人喜吃火锅，四川气候湿热，火锅麻辣朝天的热劲，可以将身体的潮气通过出汗的形式排出体外，既美味又科学。

宋嫂面：此面将鱼肉、芽菜、香菌等制成鱼羹做臊子加入面中，味道鲜美无比。因为是仿制宋朝汴梁人宋嫂的做面方法，故称为宋嫂面。

龙抄手：抄手就是北方所谓的馄饨。龙抄手是以姓龙的师傅所做的抄手特别好吃而冠名的。

赖汤圆：糯米磨成细粉加水成面，放好馅用水捏成圆形或菱形。陷的种类很多，以黑芝麻、细沙汤圆最出名。不浑汤，不粘牙，再配以各种酱蘸着吃，别有风味。

红油饺子：是一种个儿比较小的水饺，煮熟后放在碗里，再放入特制的辣椒油，吃起来又辣又香。

（二）湖北名吃

湖北历来为中国水陆交通运输枢纽，湖泊众多，故有“千湖之省”之称。长江、汉江和京广铁路相交于武汉，京九铁路有一条联络线与武汉相连，使武汉市成为名副其实的“九省通衢”。长江、汉水两大江将整个武汉地面分成三镇并汇流于龟山脚下。武汉坐拥江汉平原，百余个美丽湖泊散落其间，更有座座青山耸立云中，美丽的自然景致与现代化的繁华城市相映成辉。

湖北处于交通枢纽的地理位置，因此有大量的流动人口穿梭于其中，《汉口竹枝园》

武汉市风光

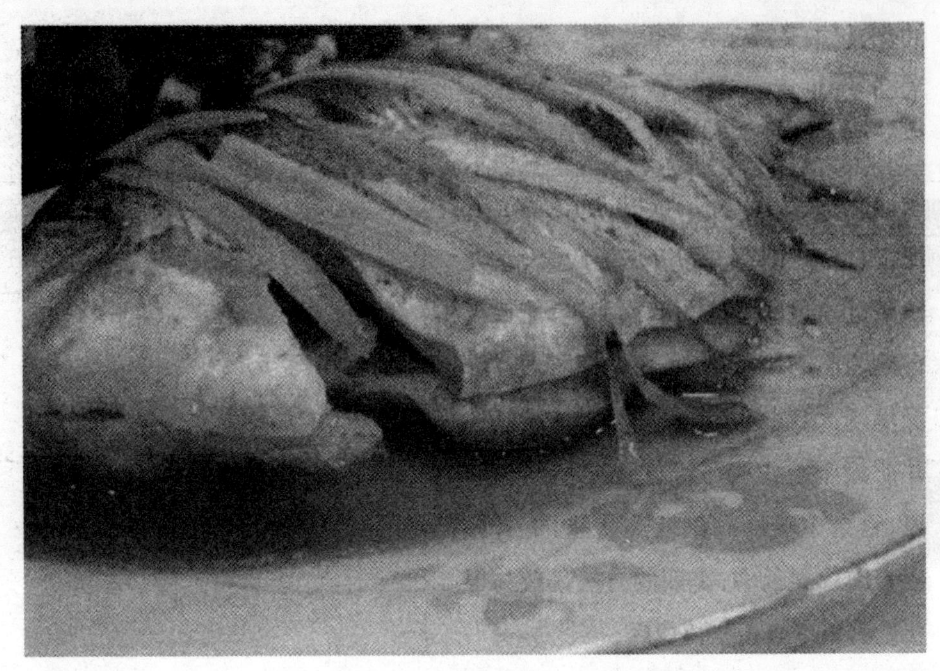

清蒸武昌鱼

中就有记载："此地从无土著，九分商贾一分民"。由于地处中国南北交界，湖北人民性格也兼具南北人特色，既有北方人的豪迈爽直，又有南方人的聪明狡黠，故而显得精明强悍。气候的大冷大热，又造成了湖北人易怒、火爆的性格。

南来北往的人带来了大江南北的美食，湖北人也养成了口味"杂"的特色，形成了兼有天下味道而独家固有风格食俗不明显的特点。湖北风味以武汉、荆沙和黄州三个地方菜为代表。

清蒸武昌鱼："才饮长沙水，又食武昌鱼"。武昌鱼得名于三国。东吴甘露元年，末帝孙皓欲再度从建业迁都武昌。左丞相陆凯上疏劝阻，说“宁饮建业水，不食武昌鱼”，于是武昌鱼便始有其名。清蒸武昌鱼是选用鲜活的樊口团头鲂为主料，配以冬菇、冬笋、并用鸡清汤调味。成菜鱼形完整、色白明亮、晶莹似玉；鱼身缀以红、白、黑配料，更显出素雅绚丽。

武昌鱼名震天下，还得多谢毛主席。当年毛主席吃了武昌鱼后，大赞其美味，挥笔留下名句：“才饮长沙水，又食武昌鱼。”

清蒸武昌鱼

热干面

这一吟，武昌鱼遂名满天下。

热干面: 是颇具武汉特色的早餐小吃。热干面的来历很简单，20世纪30年代初期，汉口长堤街有个名叫李包的食贩，在关帝庙一带靠卖凉粉和汤面为生。有一天，天气异常炎热，不少剩面未卖完，他怕面条发馊变质，便将剩面煮熟沥干，晾在案板上。一不小心，碰倒案上的油壶，麻油泼在面条上。李包见状，无可奈何，只好将面条用油拌匀重新晾放。第二天早上，李包将拌油的熟面条放在沸水里稍烫，捞起沥干入碗，然后加上卖凉粉用的调料，弄得热气腾腾，香气四溢。人们争相购买，吃得

豆皮

津津有味。这就是“热干面”的来历，一种意外得来的美食。

豆皮: 豆皮是武汉一种著名的民间小吃，多作早餐，武汉街头巷尾的早餐摊位每每是缺不了的。豆皮是用绿豆和大米混合磨浆摊皮，再包上糯米、肉丁或是香菇、虾仁，用平锅油煎而成。

在武汉以老通城的三鲜豆皮历史最负盛名。当年毛主席在武汉通城餐馆吃了豆皮后，连说好吃。记者于是写进文章，豆皮就此出名。豆皮的功效很多，可保护心脏，预防心血管疾病；其中多种矿物质，可补充钙质，对老人、小儿极为有利。

小笼汤包：顾名思义就是在小笼里蒸包子，汤在包中，即把肉馅泡在汤里，包子皮又将汤和肉馅包住。吃时先咬一小口，将汤吸掉，再大口吃包子。

（三）湖南名吃

湖南地处长江中游，因鱼和大米产量很大，自古就是鱼米之乡，物产丰富。

湖南人喜吃辣，天下闻名。俗话说“四川人不怕辣，贵州人辣不怕，湖南人怕不辣。”湖南关于辣椒的称谓也颇有特色，如泡辣椒、油辣椒、覆辣椒、白辣等。湖南人不仅爱吃辣，性格也很辣。其地民风勇猛刚烈，强悍大胆。湖南菜也很像湖南人的性格，显得生猛无比，野劲十足。

1. 湖南名吃

川菜不可缺少的佐料——辣椒

东安童子鸡：此菜白、红、绿、黄四色相映，色彩朴素清新，鸡肉肥嫩异常、味道酸辣鲜香。据说，唐玄宗开元年间，有客商赶路，夜里在湖南东安县城一家小饭店用餐。店主老妪因无菜可供，捉来童子鸡现杀现烹。童子鸡经过葱、姜、蒜、辣调味，香油爆炒，再烹以酒、醋、盐焖烧，红油油、亮闪闪，鲜香软嫩，客人吃后赞不绝口。知县听说亲自到该店品尝，果觉名不虚传，遂称其为“东安童子鸡”。这款菜流传至今成为湖南名菜。

组庵鱼翅：此菜颜色淡黄、汁明油亮、软糯柔滑、鲜咸味美、醇香适口。相传为清末湖南督军谭延闿家宴名菜，谭延闿字组庵，是一位有名的美食家。其家厨曹敬臣，善于花样翻新，他将红煨鱼翅的方法改为鸡肉、五花肉与鱼翅同煨，成菜风味独特，备受谭延闿赞赏。其后谭延闿常在宴席间指点制作此菜，后来人们称之为“组庵大菜”，饮誉三湘。

龟羊汤：湘菜中滋阴名馔。中医认为：龟肉甘、咸、平，入肺肾二经，有滋阴补血功效；羊肉也富含营养，有益气补虚、壮阳暖身的作用。龟、羊肉加当归、党参、附片、枸杞，脾肾双补，增强食疗作用，且一扫龟

东安童子鸡

火宫殿小吃

羊肉的腥气和膻味，芬芳馥郁，软烂鲜嫩。

2. 火宫殿小吃

中国四大小吃之一。火宫殿位于长沙坡子街中段,是一家颇具经营特色的风味名店，饮誉国内外。其店面古朴雅致，风味各具特色，其中最出名的有臭豆腐、姊妹团子、馓子和神仙钵饭。

火宫殿的臭豆腐呈豆青色，外焦内软，质地细腻，鲜香可口，既有白豆腐的新鲜细嫩，又有油炸豆腐的芳香松脆。

咸味姊妹团子分咸、甜两味。咸味的是用上等的糯米磨成细粉，包入鲜肉、香菇、味精、芝麻油等原料和成的肉馅，捻成尖顶平底长型锥体，蒸熟后宛如一座玲珑的白玉小宝塔。甜味的则是包入白糖、麻仁（芝麻炒熟后碾成的细粉）。

火宫殿的馓子，系用优质白面及适量精盐拌和，抽成细条，卷成多环枕头形状，投入油锅炸熟，匀细色鲜，酥香松脆。

火宫殿的神仙钵饭系李子泉所创。1932年，他向姑母借得银元两块作本钱，在火宫殿经营小吃。他卖的米饭用的是特级柔米，以小陶瓷钵蒸熟，热乎柔软，入口爽快，令吃者乐似神仙，因此得名。

三　长江下游食区

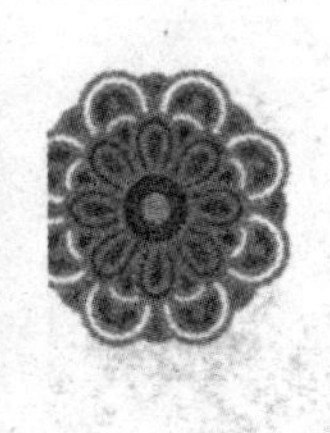

雪后绍兴

本区四季分明，降水均匀，气候温暖湿润。在长江流域开拓下，河网密织，水利资源丰富。地形上有一马平川的平原地带，间或分布起落有致的丘陵地带。长江下游地区是主要受苏菜影响的食区，包括上海、江苏、浙江、安徽、江西等地。

（一）江浙名吃

江浙之地，灵动天下，有道是“杏花春雨江南”。江浙人虽没有北方人的粗犷豪迈，不能仗剑驰骋，纵马奔腾；也缺少两广人的机警开拓，不能扬帆远扬，荡漾波涛，但软玉温香，山川秀美的江南，确是人杰秀灵之地。古语说“无绍不成衙”“无宁不成市”，

松鼠鳜鱼

绍兴师爷、宁波商人，加上近代的人才辈出，还有今天的温州、义乌走遍全球的商业贸易，可以说江浙一带自古以来就是文化、商业繁荣之地。

江苏菜和浙江菜同为南食的两大代表，由于苏菜和浙菜很接近，因此统称为江浙菜。江浙菜风味清鲜，浓而不腻，营养均衡，理性中和。江浙人喜欢甜味、偏软的食物，性情上也显得温润平和。

1. 江浙名品

松鼠鳜鱼：苏州地区的传统名菜，在江南各地一直将其列为宴席上的上品佳肴。色泽金黄，形似松鼠，外脆里松，甜中带酸，

西湖醋鱼

鲜香可口。

相传乾隆皇帝下江南时，曾微服至苏州松鹤楼菜馆用膳，厨师用鲤鱼出骨，在鱼肉上刻花纹，加调味稍腌后，拖上蛋黄糊，入热油锅嫩炸成熟后，浇上熬热的糖醋卤汁，形状似鼠，外脆里嫩，酸甜可口，乾隆皇帝吃后很满意。后来苏州官府传出乾隆在松鹤楼吃鱼的事，此菜便名扬苏州。其后，经营者又用鳜鱼制作，故称“松鼠鳜鱼”，不久此菜便流传江南各地。清代《调鼎集》记载：“松鼠鱼，取（鱼季）鱼肚皮，去骨，拖蛋黄，炸黄，炸成松鼠式，油、酱烧。”此菜至今已有两百多年历史，现已成为闻名中外的一道名菜。

西湖醋鱼：杭州传统风味名菜。这道菜选用鲜活草鱼作为原料烹制而成的。这个菜的特点是不用油，只用白开水加调料，鱼肉以段生为度，讲究鲜嫩和本味。

相传古时有宋氏兄弟两人，很有学问，隐居在西湖以打鱼为生。当地恶棍赵大官人有一次游湖，路遇一个在湖边浣纱的妇女，见其美姿动人，就想霸占。派人一打听，原来这个妇女是宋兄之妻，就施用阴谋手段，害死了宋兄。恶势力的侵害，使宋家叔嫂非常激愤，两人一起上官府告状。官府不但没受理他们的控诉，反而一顿棒打，把他们赶出了官府。回家后，宋嫂要宋弟赶快收拾行装外逃。临行前，嫂嫂烧了一碗鱼，加糖加醋，烧法奇特。宋弟问嫂嫂：“今天鱼怎么烧得这个样子？”嫂嫂说：“鱼有甜有酸，我是想让你这次外出，千万不要忘记你哥哥是怎么死的，你的生活若甜，不要忘记老百姓受欺凌的辛酸，不要忘记你嫂嫂饮恨的辛酸。”弟弟吃了鱼，牢记嫂嫂的心意而去，后来，宋弟取得功名回到杭州，报了杀兄之

西湖醋鱼

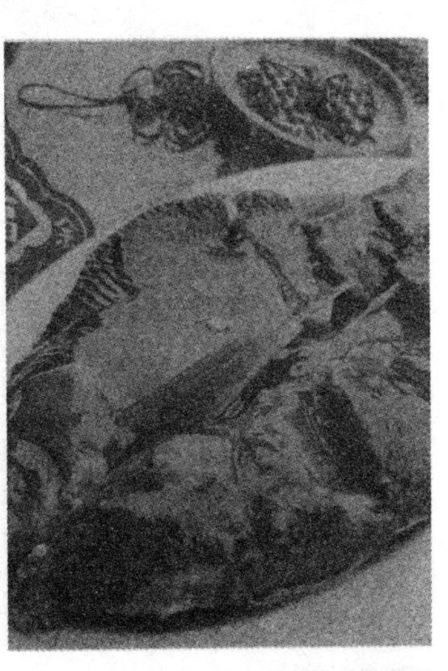

仇。古时有人为此留诗曰：“裙屐联翩买醉来，绿阳影里上楼台，门前多少游湖艇，半自三潭印月回。何必归寻张翰鲈，鱼美风味说西湖，亏君有此调和手，识得当年宋嫂无？”

叫花鸡：很早以前，有个叫花子沿途讨饭流落到常熟县的一个村庄。一日，他偶然得来一只鸡，欲宰杀煮食，可既无炊具，又没调料。他来到虞山脚下，将鸡杀死后去掉内脏，带毛涂上黄泥、柴草，把涂好的鸡置火中煨烤，待泥干鸡熟，剥去泥壳，鸡毛也随泥壳脱去，露出了鸡肉。约一百多年以前，常熟县城西北虞山胜地的“山

叫花鸡

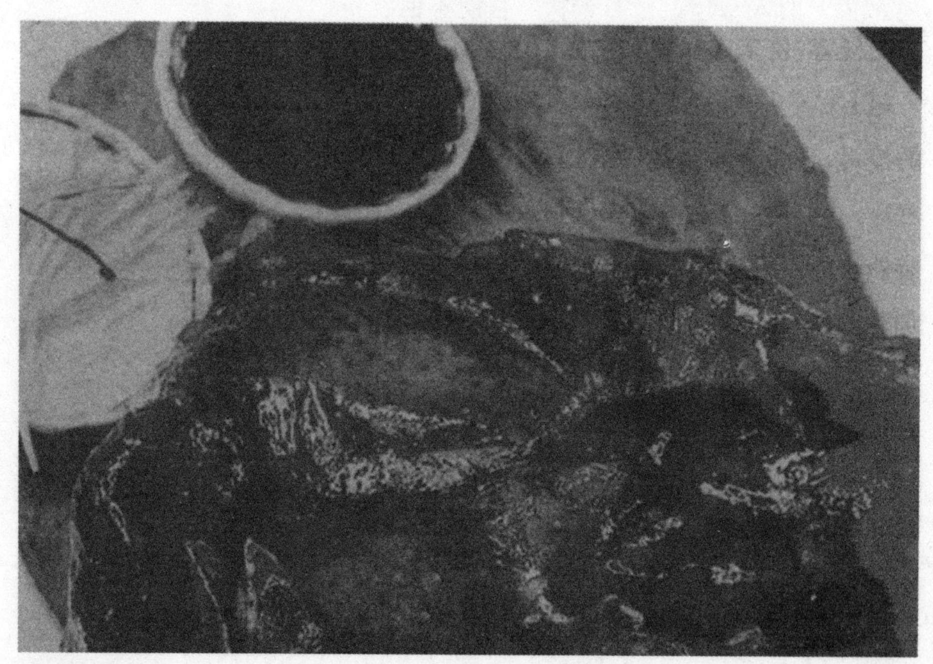

景园”菜馆根据这个传说，去粗取精，精工效法创制此鸡，如今“叫花鸡”已成为一道南北皆知的名吃。

2. 上海

上海是一个移民城市，地处长江东端，腹地广阔，经济发达，素有“中国纽约”之称。

上海人气质温文尔雅，随性而处。重坚韧，能曲中求直。崇尚谋略，精细有余，略显大气不足，自古有俯瞰人间的视野，却没有纵横天下的气魄。

城隍庙小吃是上海小吃的重要组成部分，中国四大小吃之一。形成于清末民初，地处上海旧城商业中心。其著名小吃有南翔

上海城隍庙小吃

南翔小笼包

馒头店的南翔小笼包，满园春的百果酒酿圆子、八宝饭、甜酒酿，湖滨点心店的重油酥饼，绿波廊餐厅的枣泥酥饼、三丝眉毛酥。此外还有许多特色小吃，如：面筋百叶、糟田螺、氽鱿鱼等。

南翔小笼包：像小宝塔形状，初名“南翔大肉馒头”，后称“南翔大馒头”，再称“古猗园小笼”，现叫“南翔小笼”。南翔小笼包已有百年历史，最初的创始人是日华轩点心店的老板黄明贤，后来他的儿子才在豫园老城隍庙开设了分店，也就是在这繁华喧闹的豫园，南翔小笼包出现了。

如今南翔小笼包的分店已遍及全国各地甚至国外，其原汁原味、自然淳朴的口味始终吸引着络绎不绝的天下食客。戳破面皮，蘸上香醋，就着姜丝，咬一口南翔小笼包，然后细细品味，不仅品味了上海传统的饮食文化，也有一种朴实自然的“乡野”之情。

白果酒酿圆子：酒酿圆子一般是小而无馅，但此圆子稍大，内包百果馅，滚米粉，成为小巧玲珑的百果圆子，配以优质糯米制成的甜酒酿，是上海城隍庙满园春小吃店的名品，也是甜食小吃中的上品。其特点是百果清香，花香、酒香味更浓。

八宝饭：把糯米蒸熟，拌以糖、猪油、桂花，倒入装有红枣、薏米、莲子、桂圆肉等果料的器具内，蒸熟后再浇上糖卤汁即成。味道甜美，是节日和待客佳品。

3. 南京名吃

南京是我国的六朝古都，到处弥漫着浓郁的历史韵味。自古金陵拥王气，多产江南佳丽，六朝金粉，歌舞升平。

南京人很会享受生活，自然很会吃。秦淮河畔，酒肆林立，食店栉比。南京人深得中庸之道，连饮食也体现出来，南京饮食兼收并蓄，创新而不守旧。口味不会过甜、过辣、过咸，而是十分守“中”。

秦淮河风光

历史上的夫子庙相当繁华，六朝的秦淮河和青溪一带，设有众多水榭酒楼。明清以降，每逢开科秋闱，考生云集，于是书肆、茶馆、客栈应运而生，当年秦淮河南岸的一些街巷成为富家子弟的“温柔乡”“销金窟”。名噪天下的夫子庙小吃与之相伴生成，与“秦淮八艳”相映照，小吃中有“秦淮八绝”。

夫子庙小吃特别诱人，“色、香、味、形、具”式式精湛，让人馋涎欲滴。金灿灿、黄澄澄、绿油油、白花花，如大千世界，五彩缤纷；甜滋滋、咸味味、酸渍渍、辣乎乎，似磊落人生，百味俱全。荤素果菜，随心所欲，春夏秋冬，各领风骚。春天有

江苏南京夫子庙秦淮河一带商业街夜景

水晶包

荠菜烧饼、菜肉包子、四喜元宵；夏天有千层油糕、开花馒头、刨凉粉；秋天有蟹黄烧卖、萝卜丝饼、鸡鸭血汤；冬天则有五仁馒头、水晶包子、豆腐脑。老牌的淮扬风味有口皆碑：有绵软味透、鲜嫩可口的干丝，咸甜适中、油而不腻的包子，香气扑鼻、余味浓郁的黄桥烧饼，香辣扑鼻的豆腐脑，人见人爱的“什色点心”，每笼十件、五个品种，荤素兼备，甜咸宜人。夫子庙的特色还在于灵活生动的经营方式，不仅有青砖小瓦、粉墙坡屋，张灯结彩的“老淮扬”，鳞次栉比排列着的是香气四溢、现做现吃的小吃摊，灯光下的动

晚晴楼

人笑靥、民歌式的招徕吆喝，为沉浸在桨声灯影中的秦淮带来了温馨和欢乐。

集秦淮小吃之大成的是“晚晴楼”，清雅幽丽的江南丝竹，描绘出风清月朗、小桥流水的水乡神韵。一只只青瓷带盖荷盏端放在彩绘的瓷碟上，更使人感受到明清时期的茶馆风味。千百年来的习俗形成了一套别具特色的进餐程序。入座先泡茶，主随客便，各取所需。有的喜爱广东式的药膳，人参、枸杞、红枣不一而足；但更多的偏爱清香扑鼻的碧螺春，在悠悠的丝竹声中神往太湖三山的青山碧浪、闲云野鹤。一边品茗，开胃的小吃依次呈上桌面：

冰糖葫芦：一串五个山楂，红艳艳的，山楂上面开了口，寓意“笑口常开”。

乌饭凉粉：一碗的凉粉拌上咸辣佐酱，清爽而不腻，一黑一白、一糯一滑，两者倒真是“绝配”。

鸭血汤：鸭血入口，粉嫩爽滑，细看碗中汤，翠绿的芫荽，晶莹的粉丝，沉浮的一些细碎的鸭胗、鸭肠、鸭肝。这般精致，百般滋味，万种风情，让人沉醉痴迷。

小香干、五香豆：一杯清茶，一盘瓜子，一些微风，一些懒散，窗外荡漾的河水不知映衬了几多的如烟往事，当年的十里秦淮，又是何种的繁花似锦，烟波流转。

鸭血汤

方腊鱼

（二）安徽名吃

安徽是中国史前文明的重要发祥地之一。安徽气候资源丰富，充沛的光、热、水资源，有利于农、林、牧、渔业的发展。徽菜讲究火功，以善于烹制山珍海味而闻名，朴素实惠。

安徽名吃有：

方腊鱼：用鳜鱼采用多种烹调方法精制而成。此菜造型奇特，口味多样。鳜鱼在盘中昂首翘尾，有乘万顷波涛腾跃之势，是不可多得的黄山佳肴。

相传北宋末年，方腊组织群众起义，反抗赵宋王朝，半年时间便已威震东南。宋王朝集中了数十万军队对方腊起义军进行反扑，因寡不敌众，起义军便登上齐云

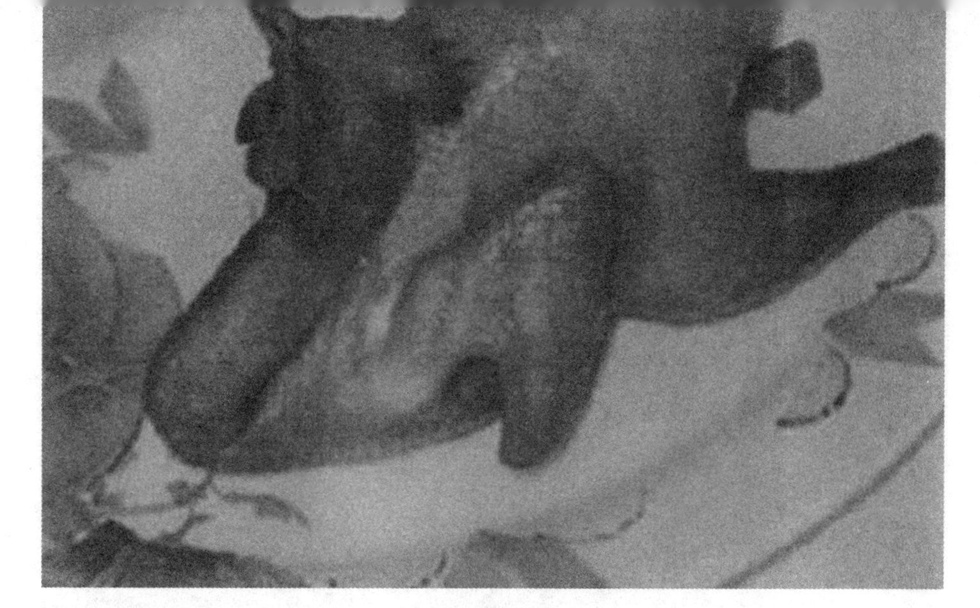

曹操鸡

山独耸峰。官兵攻山不上，便在山下驻扎，欲将起义军困死于山上。方腊在山上为此着急，但见山上有一水池，池中鱼虾颇多，便心生一计，命大家把鱼虾捕出投向山下，以此迷惑敌人。宋朝官兵误认山上粮草充足，不宜久围，便撤军西去。

方腊鱼就是人们为纪念农民起义英雄方腊而创制的，菜肴色、香、味、形俱佳，人们品尝名肴，缅怀旧事，可谓相映成趣。

曹操鸡: 又称“逍遥鸡”，合肥名菜。相传曹操屯兵庐州逍遥津，因军政事务繁忙，操劳过度，卧床不起。治疗过程中，厨师按医生嘱咐在鸡内添加中药，烹制

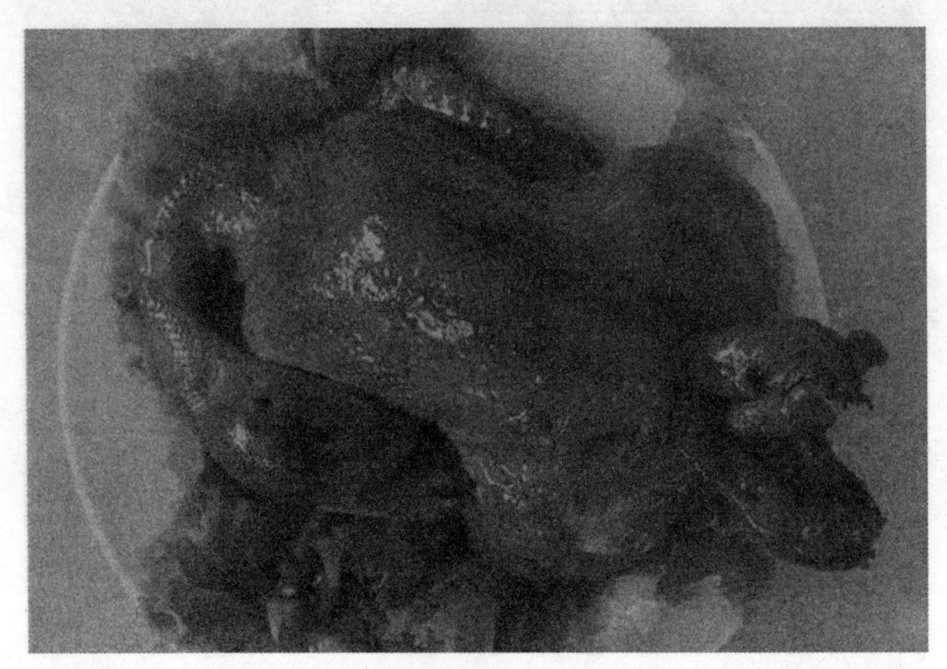

符离集烧鸡

成药膳鸡，曹操食后病情日趋好转，并常要吃这种鸡，后来这道菜就被人们称为“曹操鸡”。其制作须选用1000克左右仔鸡，宰后风干，上料油炸，放入二十多味中药和香料制成的卤汤里卤制，然后再入原汁卤缸闷制。出锅成品色泽红润，香气浓郁，皮脆油亮，造型美观。吃时抖腿掉肉，骨酥肉烂，滋味特美，且食后余香满口，独具风味。

符离集烧鸡：闻名中外的符离集烧鸡，产于安徽省宿州市北30里位于京沪铁路大动脉上的符离镇，已有八十多年的制作历史，它以独特的风味，闻名遐迩。

符离集烧鸡的制作工艺十分精细。选本地当年肥健壮麻鸡，且以公鸡为良。宰杀前需饮清水并洗净鸡身，然后“别”好晾干用饴糖涂抹，香油（麻油）烹炸，再配上砂仁、白芷、肉蔻、丁香、辛夷、元茴等十三种名贵香料，放在保留数十年的陈年老汤锅里，先用猛火高温卤煮，再经文火回酥四至六小时方可捞出。这样制作出来的烧鸡，香气扑鼻，色佳味美，肉质白嫩，肥而不腻，肉烂而丝连，骨酥，嚼之即碎，有余香。

（三）江西名吃

江西地处中国东南偏中部长江中下游南岸，自古以来江西人文荟萃、物产富饶，有“文章节义之邦，白鹤鱼米之国”的美誉。

江西风光

瓦罐煨汤

江西名吃有：

瓦罐煨汤：是赣菜的代表，至今已有一千多年的历史。在高达三米多的瓦缸内一层一层摞着小瓦罐，内装土鸡、蛇、龟、天麻、猴头菇等原料，下以硬质木炭恒温煨制，达七小时之多。由于这缸中之罐是用气的热量传递，故避免了直接煲炖的火气，煨出的汤鲜香淳浓，滋补不上火。各色汤品煨好端上来，上桌后罐口仍封着锡纸，一揭开香气扑鼻，汤水特别浓且醇厚。瓦罐汤之所以味道特别好，奥秘在于瓦罐具有吸水性、通气性和不耐热等特点，原料在瓦罐内长时间低温封闭受热，养分充分溢出，因此汤品原汁原味而软烂鲜香。

流浪鸡：传说朱元璋和陈友谅在鄱阳湖交战，朱元璋兵败康山，人饥马乏，当时有个赣州厨师将鸡宰杀，拔毛开膛去除内脏，在清水中煮熟，然后切成条块，用蒜泥、辣椒粉、姜末、香油浇盖，朱元璋吃后赞不绝口，因正当兵败落魄之时，而赐名“流浪鸡”。流浪鸡的特点是鸡肉鲜嫩、色泽淡雅、味道清香且带有辣味，色香味俱佳。

流浪鸡

四 珠江流域食区

珠江是我国南方的大河，流经云南、贵州、广西、广东、湖南、江西等省。珠江流域北靠五岭，南临南海，西部为云贵高原，中部丘陵、盆地相间，东南部为三角洲冲积平原，地势西北高，东南低。珠江流域是主要受粤菜影响的食区，包括广东、福建、海南。

（一）广东名吃

广东位于岭南，北依南岭山脉，东北横亘武夷山脉，南临南海，全境北高南低，起落有致。境内自然资源丰富，动植物种类繁多。

广东古称百越之地，有少数民族传统的血脉。历史上，北方汉民南迁至广东，

广东风光

与当地的百越族群杂居，使内陆文化与当地土著文化相交融。同时广东临靠南海，不断受海洋文化影响，并长期与周围及外来文化互相交流。这就使广东产生了独特的文化气质，广东人也因此形成了独特的性格，既具有开拓的外向型“海派”冒险精神，又具有内敛的中原古风的保守特征。

广东人具有开拓进取、生机勃勃的冒险精神，在饮食上“什么都敢吃”，而良好的自然资源又为这种意识提供了丰富的物质基础。广东人充分发挥出无边的想象力和冒险精神，飞禽走兽，海鲜水产，山珍野味，老鼠、蝎子、蚂蚁、龙虱、蚕蛹，可谓无所不吃。

海鲜

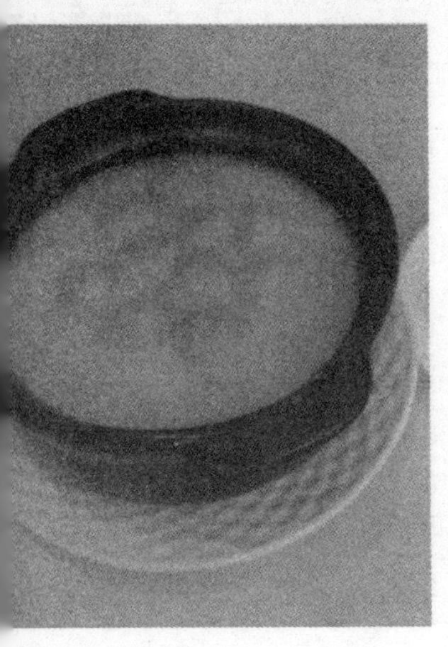

广东早茶

此正是："蛇虫鼠蚁，无不可食，十二生肖，一一吃去，龙者无非大蛇耳。"

广东尽管深受外来以及西方文化的影响，但其语言、饮食、家族观念等仍保留了较多的传统文化色彩。需要提一下的是广东的茶楼文化，广东大街小巷茶楼林立，饮茶分早午晚市，早茶天天饮。如今全国各地都有酒楼开设早茶，却没有哪个城市像广州这样普及。

广东人心态平和，开放大气，又极富创造力。这就使得粤菜吸纳性极强，海纳百川，取长补短，吸收其他菜系的特色精华，粤菜得以不断发展壮大。

广东人善良风趣，勤劳务实，注重礼俗，有极强的平民意识。广东人常说："英雄莫问出处。人人平等，只要敢拼搏，终有出头之日。"于是广东的平民小吃众多，仅早茶时的粥品就有白粥、皮蛋瘦肉粥、猪肝粥、猪红粥、艇仔粥、鸡粥、田鸡粥等，品种多不胜数，其中艇仔粥最为著名。广州人又爱喝汤，这也是闷热出汗、补充身体水分的需要。

1. 食在广州

有人说"生在苏州，长在杭州，吃在广州，死在柳州。"生长在苏杭，因为"上有天堂，下有苏杭”。死在柳州，因为柳州的棺木质量好。而吃在广州，正因广州名吃极多。

广州人爱吃，人不分男女、老少、贫富；地不分东、西、南、北，皆爱吃。广州人吃出了兴旺发达的饮食业，吃出了四大菜系之一的粤菜，吃出了纵横街市的饭店、食肆，更吃出了精神，吃出了品牌，吃出了“食在广州”的美誉。

广州人爱吃海鲜，所以酒楼常将鲜活品养在店内，饭店的装潢好似一个巨大的水族馆，望着各种生猛海鲜游弋其中，让人有种时空交错的感觉。在这里不仅是吃海鲜，更是享受一种饮食氛围。吃蛇是广东的一种传统和民俗，古人吃蛇多为了治病，不仅美味

海鲜

而且富含营养，富有医疗滋补作用。

当场观看各种生猛海鲜被宰杀的场景，那叫一个刺激。一条蟒蛇、一条大鱼，手起刀落，鲜血四溅，叹曰：“我不杀伯仁，伯仁却因我而死。”至于品尝之后，刚才的“血雨腥风”就被喷香的美食美感占据，只剩欣喜的味蕾享受了。

2. 粤菜

粤菜分为广州菜、潮州菜和客家菜三大类。

广州菜流行范围广泛，省内包括珠江三角洲、西江和北江流域、雷州半岛等地，省外则有港澳台、海南岛及广西部分地区。

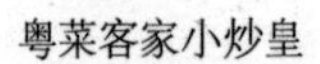

粤菜客家小炒皇

广州菜偏重于菜肴的质和味，选料繁杂讲究鲜嫩，味道清香且爽滑。广州菜擅长小炒，尤其讲究“镬气”，即火候及油温，并讲究现炒现吃，以保持菜肴的色、香、味、形。

潮州菜发源于韩江平原，以烹制海鲜见长，因为注重食物的真性真味而特别强调口味的清淡，喜食蚝生、鱼生、虾生等。因为讲究原汁原味，潮州菜中的汤菜也别具特色，非常的清、鲜。甜菜比较多，款式达上百种。

客家菜以惠州菜为代表，主料多用三鸟、畜肉，基本上很少配用菜蔬，河鲜海产也不多，客家菜以油重、味咸、浓香著称。客家人做菜往往每煮一道菜都要洗一次锅，以避免菜肴相互串味。

3. 粤菜名品

龙虎斗：龙是蛇，虎是猫。龙虎斗有很多种，最名贵的是“龙凤虎”。龙必须是眼镜蛇或眼镜王蛇，凤是鸡，虎则是果子狸。三种珍品制成羹，加上冬菇丝作配料。

烤乳猪：是广州最著名的特色菜。特点是色泽红润、光滑如镜、皮脆肉嫩、香而不腻。

早在西周时此菜已被列为“八珍”之一，那时称为“炮豚”。关于烤乳猪还有个有趣的传说。古时有户人家院里着火，火势凶猛，

烤乳猪

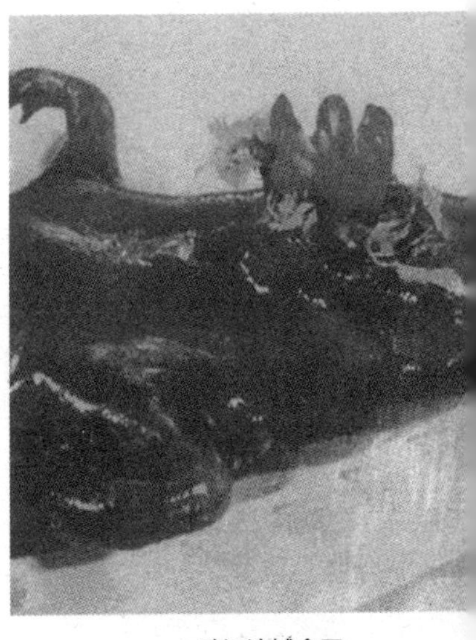

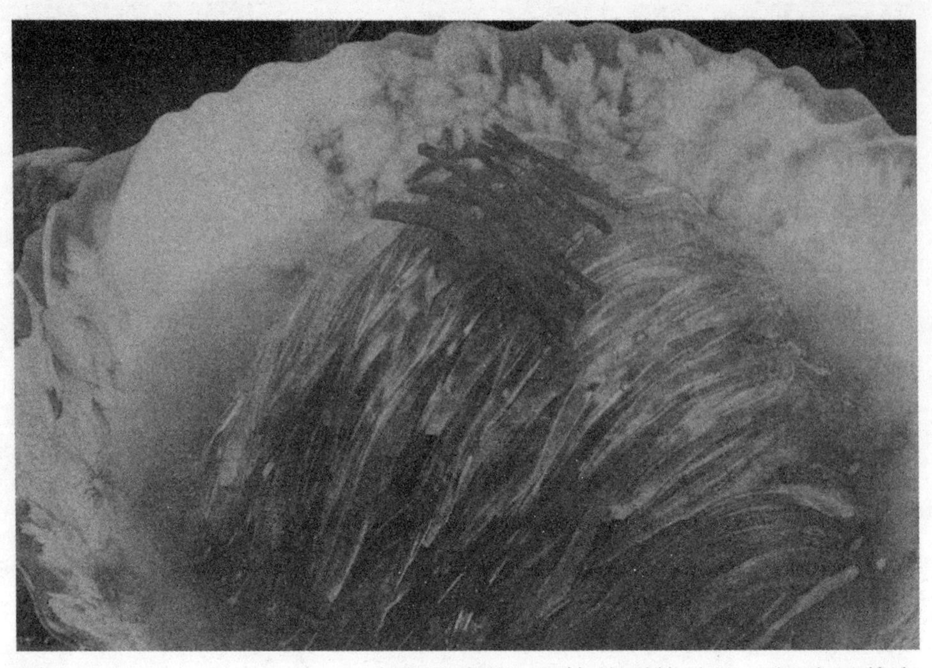

鱼翅

必必剥剥，很快就烈焰冲天，把院里的东西烧了个精光。主人赶回家，只见一片废墟，不由得唏嘘不已。忽然一阵香味扑鼻，主人循着香味找去，发现原来是从一只烧焦的小猪身上发出来的。主人看那小猪另一面，皮烤得红扑扑的。他尝了尝，味道很好。烧了院子很让人伤心，但却发明了吃猪肉的新方法。

红烧大裙翅：鱼翅是鲨鱼鳍的干制品，大裙翅取自大鲨鱼的全鳍。粤菜的大裙翅分作三围，鱼背近头部的前鳍称头围；近尾部的后鳍称二围；尾端的尾鳍称三围。裙翅是鱼翅中的上品。在高级海味中，鱼

鱼翅

翅入馔是最晚的。

明代刘若愚在《明宫史》中说：“先帝最喜用炙蛤蜊、炒鲜虾、田鸡腿及笋鸡脯。又海参、鳆鱼、鲨鱼筋、肥鸡、猪蹄共烩一处，名曰‘三事’恒喜用焉。”这里所说的鲨鱼筋，可能就是鱼翅。《潜确类书》里也有类似记载“湖鲨青色，背上有沙鳍。泡去外皮，有丝作脍，莹若银丝。”清代袁枚以其正名列入《随园食单·海鲜单》。光绪时胡子晋在《广州竹枝词》中写道："由来好食广州称，式家家别样矜。鱼翅干烧银六十，人人休说贵联升。"并注云"干烧鱼翅每贵碗六十元。联升在西门卫边街，乃著名之老酒楼，然近日如南关之南园，西关之漠觞，惠爱路之玉醪春，亦脍人口也。"19世纪30年代，广州大三元酒家以红烧大裙翅闻名，售价也达六十大洋。

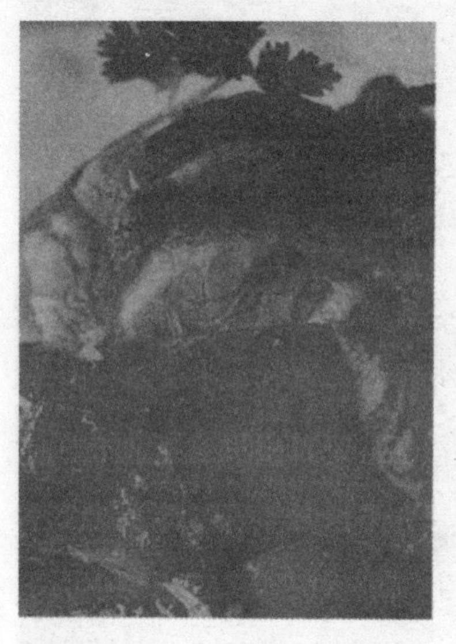

烤鹅

烧鹅：广州传统的烧烤肉食。烧鹅源于烧鸭，鹅以中、小个的清远黑棕鹅为优，去翼、脚、内脏的整鹅，吹气，涂五香料，缝肚，滚水烫皮，过冷水，糖水匀皮，晾风而后腌制，最后挂在烤炉里或明火上转动烤成，斩件上碟，便可进食。烧鹅色泽金红，味美可口。广州市面上烧鹅店铺众多，最为有名的是长堤的裕记烧鹅饭店的烧鹅和黄埔区长洲岛上的深井烧鹅。

五蛇羹：粤菜中著名的蛇宴菜式之一，由晚清广东翰林江孔殷发明。江孔殷别名江虾，祖上为商贾。于1904年科举中殿试二甲进士，朝考选入庶吉士进入翰林院，故被称为"江太史"，曾任广东道台、广东水师提督等职位。辛亥革命后，江太史

五蛇羹

退出政坛而从商，以其广州的大宅“太史第”经营酒楼，经常食客盈门，高朋满座，太史五蛇羹即是其招牌名菜。

羹主要以蛇为材料，加入鲍鱼、鲜笋、木耳、香菇、鸡等煮成汤。将原材料捞起用手撕成丝状，用纱布将汤滤清后，勾芡粉推成羹。当中的五蛇包括：眼镜蛇、金环蛇、银环蛇、水律蛇、大黄蛇。吃时加入菊花丝和柠檬叶丝，味道鲜美绝伦、浓郁芳香，超凡脱俗的口感令人大快朵颐。太史五蛇羹具有活血补气、强壮神经、舒筋活络、祛风除湿等功效，深受中老年人士欢迎。

护国菜：潮州名菜，相传1278年，宋

护国菜

朝最后一个皇帝——赵昺南逃到潮州，寄宿在一座深山古庙里。庙中僧人听说是宋朝的皇帝，对他十分恭敬，看到他一路上疲劳不堪，又饥又饿，便采摘了一些新鲜的番薯叶子，去掉苦叶，制成汤菜。皇帝正饥渴交加，看到这菜碧绿清香，吃着又软滑鲜美，很是赞赏。皇帝为记取寺僧保护自己，保护宋朝之功，就封此菜为“护

香港夜景

国菜”，一直延传至今。

（二）港澳名吃

粤港文化同宗同源，香港本地秉承中原传统。由于其特殊的殖民历史，香港历尽欧风美雨侵袭，华洋混杂，中西交融。在此背景影响下，饮食风格自然兼具古老与新锐，现代与传统的特色。澳门食风也深受中葡两国影响，在彼此的结合下形成了独具特色的

糖不甩

饮食风格。

港澳小吃有：

糖不甩：又名“如意果”，是汤圆的孪生兄弟，加姜汁特别祛寒正气。糖不甩的由来，据传还跟八仙有关。清朝道光十九年，广东东莞东坑镇一带很多人吸食鸦片。初春二月二，由于流毒泛滥，民不聊生，赶往东坑过“卖身节”受财主雇佣的男丁精壮无几，大都是面黄肌瘦，劳力退减。吕洞宾闻讯后连忙打制治瘾灵丹，普度众生。但良药苦口，再者私自下凡，乃冒犯天条。于是吕仙人把仙丹藏于熟糯粉丸内，配以糖浆煮成甜滑、可口的糖不甩（取之“糖粉粘丹不分离”之意），摇身变成一个挑担叫卖的老翁，从街头到墟尾实行半卖半送。众人吃后，果真杀住了鸦片流毒，体力、智力恢复。农历廿四节气倒背如流，东坑糖不甩因此而名扬远近。

糖不甩做法简易。直接把糯米粉煮熟，挪搓成粉丸，在铁锅中用滚热的糖浆煮熟，然后撒上碾碎的炒花生或切成丝的煎鸡蛋拌食，口感酥滑香甜、醒胃而不腻、味香四溢、老少皆宜。

菠萝包：是源自香港的一种甜味面包，据说是因为菠萝包经烘焙过后表面金黄、凹凸的脆皮状似菠萝而得名。

菠萝包

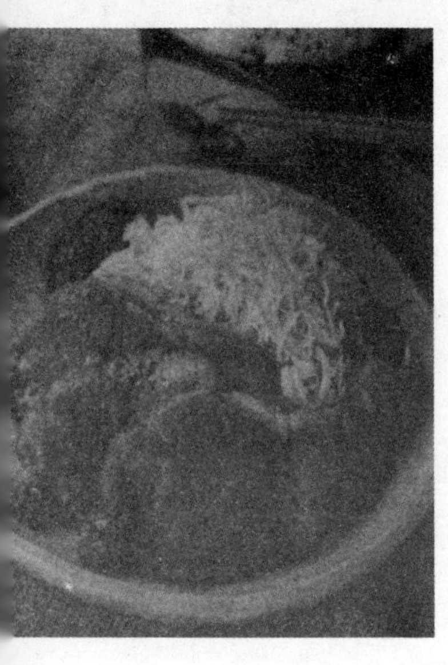
猪排

菠萝包实际上并没有菠萝的成分，面包中间亦没有馅料。菠萝包据传是因为早年香港人对原来的包子不满意，认为味道不足，因此在包子上加上砂糖等甜味馅料而成。菠萝包外层表面的脆皮，一般由砂糖、鸡蛋、面粉与猪油烘制而成，是菠萝包的灵魂。趁热食用，酥皮香脆甜美，包身则松软好吃。

菠萝包是香港最普遍的面包之一，差不多每一间香港饼店都有售，而不少茶餐厅、冰室亦有供应。如今除了香港，菠萝包在中国南部地区都很普遍。

猪扒包：猪扒包的“猪扒”就是“猪排”，顾名思义，就是一个涂上牛油的面包里面夹着一块猪排。猪排通常是煎熟或油炸，但亦有以水灼后再煎熟。猪扒包是澳门有名的小吃，当中以位于氹仔的大利来记猪扒包最有名。此店每日下午三时出炉限量发售。不少游客为一尝猪扒包，都会提早于店铺前等候。由于限量发售，每当假期及旅游旺季，猪扒包都会供不应求。

（三）福建名吃

福建地处东南部，历史悠久，属古越族的一支，被称为“东越”。福建人遍布世界五大洲，海外华侨多为福建人。由此可见，福建人好漂泊闯荡。福建人相信“敢死提去食，敢拼才会赢”，颇有拼搏精神。

福建名吃有：

佛跳墙：福州一道集山珍海味之大全的传统名菜，誉满中外，被各地烹饪界列为福建菜谱的“首席菜”，至今已有百余年的历史。佛跳墙的原料有十八种之多：海参、鲍鱼、鱼翅、干贝、鱼唇、花胶、蛏子、火腿、猪肚、羊肘、蹄尖、蹄筋、鸡脯、鸭脯、鸡肫、鸭肫、冬菇、冬笋等。以十八种主料、十二种辅料互为融合，几乎囊括了人间美食，烹调工艺也非常繁复。有补虚养身，调理营养不良的功效。

据传清朝同治末年，福州官钱庄一位官

佛跳墙

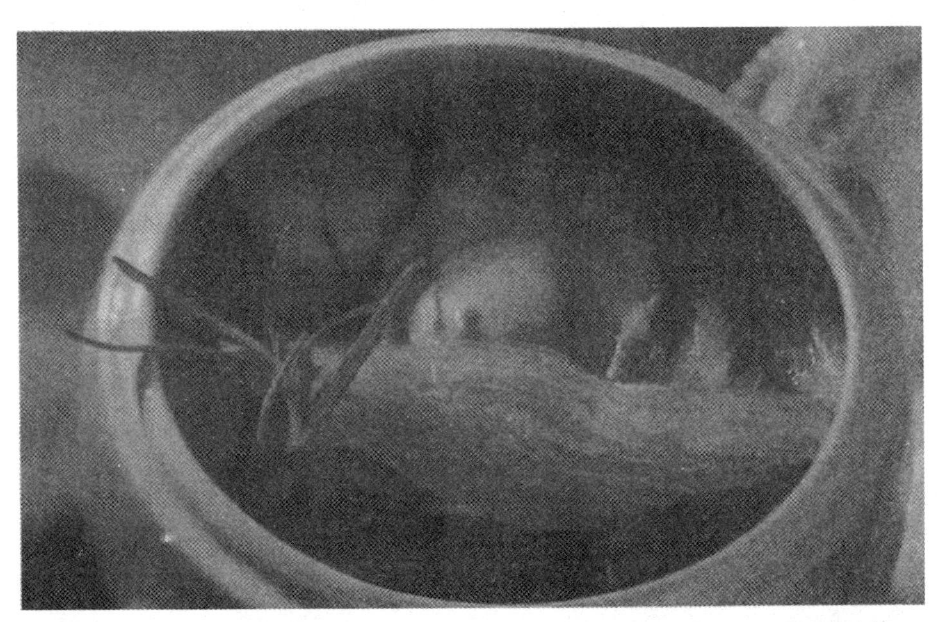

佛跳墙

员设家宴请福建布政司周莲，他的绍兴籍夫人亲自下厨做了一道菜，名叫“福寿全”，内有鸡、鸭肉和几种海产，一并放在盛绍兴酒的酒坛内煨制而成。周莲吃后赞不绝口，遂命衙厨郑春发仿制，郑春发登门求教，并在用料上加以改革，多用海鲜，少用肉类，使菜越发荤香可口。以后郑春发离开周莲衙府，集资经营聚春园菜馆，“福寿全”成了这家菜馆的主打菜。只因福州话“福寿全”与“佛跳墙”的发音相似，久而久之，“福寿全”就被“佛跳墙”取而代之，并名扬四海了。

西施舌：传说春秋时，越王勾践借助美女西施之力，用美人计灭了吴国。大局既定，越王正想接西施回国，但王后怕西施回国会受宠，威胁到自己的地位，便叫人绑在西施背上一巨石，沉于江底。西施死后化为贝壳类“沙蛤”，只要有人找到她，她便吐出丁香小舌，尽诉冤情。

（四）台湾名吃

台湾省位于中国东南沿海的大陆架上，自古有“扼台湾之要，为东南门户”之称。台湾有丰富的水力、森林、渔业资源。

闽客饮食文化是台湾最主要的饮食文

台湾日月潭

蚵仔煎

化，是从福建与广东饮食文化发展而来的。今天的“台湾菜”主要特色是强调海鲜，另外与福建、广东一样，台湾具有浓厚的饮茶文化。台湾特殊风味的小吃包罗万象，结合了台湾本地与大陆各地的特色。

台湾名吃有：

蚵仔煎：许多台湾小吃，其实都是先民困苦，在无法饱食下所发明的替代粮食，是一种贫苦生活的象征。蚵仔煎据传就是这样一种在贫穷时发明的料理，其口味以台南安平、嘉义东石或屏东东港这些盛产蚵仔的地方最地道。

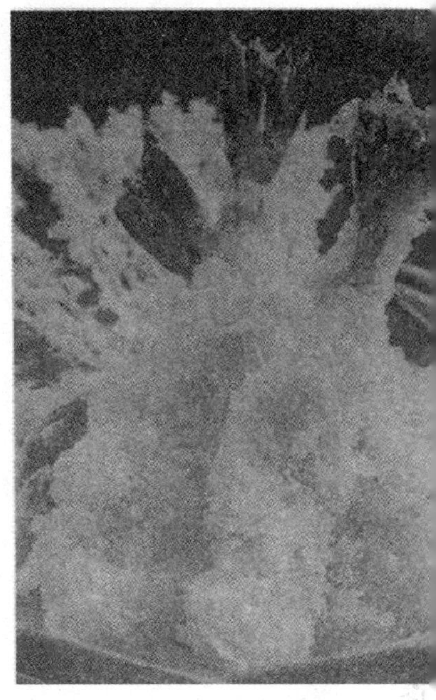

天妇罗

它最早的名字叫“煎食追”，是台南安平一带老辈人都知道的传统点心，是以加水后的番薯粉浆包裹蚵仔、猪肉、香菇等杂七杂八的食材煎成的饼状物。

民间传闻，1661 年荷兰军队占领台南，郑成功从鹿耳门率兵攻入，意欲收复失土。郑军势如破竹大败荷军，荷军在一怒之下，把米粮全都藏匿起来。郑军在缺粮之余急中生智，索性就地取材将台湾特产蚵仔、番薯粉混合加水煎成饼吃，想不到竟流传后世，成了风靡全省的小吃。

天妇罗：意指“炸的东西”，其实就是甜不辣，是基隆庙口最负盛名的小吃之一。以鱼浆加上面粉、太白粉，再以糖、盐调味，用机器搅匀后，再用手捏制成形丢进油锅，配上甜酱、小黄瓜，即是一份香酥可口的美食。

（五）海南名吃

海南岛是中国南海上的一颗璀璨的明珠，是仅次于台湾的全国第二大岛。海南岛是中国唯一的热带海岛省份，被称为世界上“少有的几块未被污染的净土”。

海南有四大名菜，分别是文昌鸡、加积鸭、和乐蟹和东山羊。

文昌鸡

文昌鸡：海南最负盛名的传统名菜。文昌鸡是一种优质育肥鸡，因产于海南文昌县而得名。相传明代有一文昌人在朝为官，回京时带了几只文昌鸡请皇上品尝。皇帝尝后称赞："鸡出文化之乡，人杰地灵，文化昌盛，鸡亦香甜，真乃文昌鸡也！"文昌鸡由此得名。因村野之鸡受皇上天子赐名，村舍荣光，该村得名天赐村。天赐村中最早养鸡的人姓蔡，故文昌鸡亦称蔡氏鸡。

加积鸭：是琼籍华侨早年从国外引进的良种鸭，其养鸭方法特别讲究：先是给小鸭喂食淡水小鱼虾或蚯蚓、蟑螂，约两个月后，小鸭羽毛初上时，再以小圈圈养，缩小其活动范围，并用米饭、米碎掺和捏成小团块填喂，二十天后便长成肉鸭。其特点是：鸭肉肥厚，皮白滑脆，皮肉之间夹一薄层脂肪，特别甘美。加积鸭的烹制方法有多种，但以白切最能体现原滋原味，因此最为有名。

和乐蟹：产于海南万宁县和乐镇，以甲壳坚硬、肉肥膏满著称。和乐蟹的烹调法多种多样，蒸、煮、炒、烤，均具特色，尤以“清蒸”为佳，既保持原味之鲜，又兼原色形之美。

东山羊：用特产万宁东山岭的东山羊肉，配以各种香料、味料，经过滚、炸、纹、蒸、扣等多种烹调法精制而成。

临高乳猪：临高乳猪因产于海南北部的临高县而得名。以皮脆、肉细、骨酥、味香而闻名，不管是烤、焖、炒、蒸皆可口，但以烧烤最佳。烤一只乳猪约四五个小时，烤出来的乳猪全身焦黄、油光可鉴、散发着浓郁香味。

和乐蟹

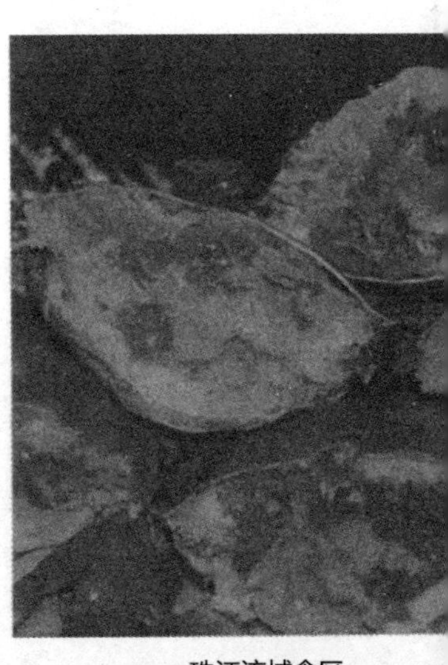

五　少数民族食区

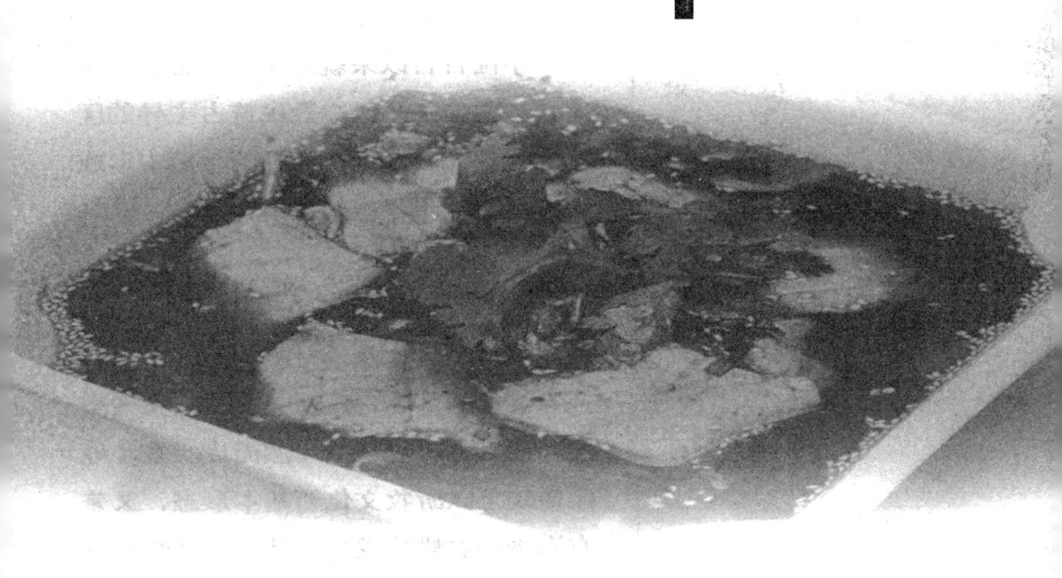

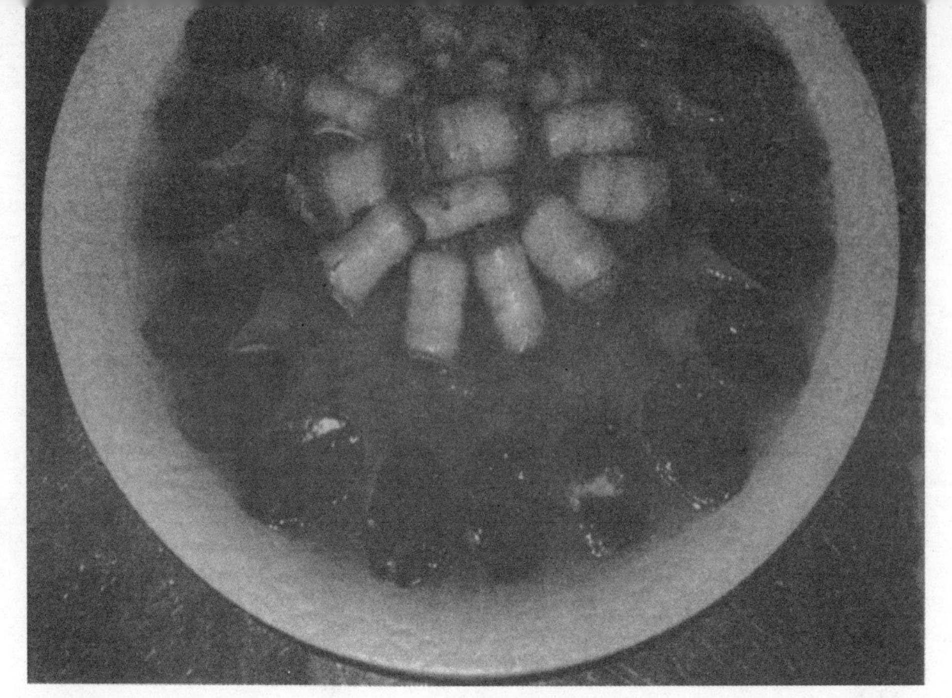

白肉血肠

中国自古以来就是多民族融合的国家。一些地区是以少数民族占主导的区域，少数民族人民在长期的生活中形成了许多不同于汉族的食俗特点。

（一）东北三省

东北三省，即黑龙江、吉林、辽宁，是我国纬度最高也是最寒冷的地区。东北人有雄健的体魄，豪迈的风情，其大气凛然与北方大漠的苍凉浑然而成。东北地区传统上以游牧文化为基本形态，又兼有渔猎和农耕的成分，具有流动性和开放性。

满族主要分布在东北三省，以辽宁省最多。满族先祖世代居于白山黑水之间，长期过着狩猎、采集、捕鱼的生活。形成了游牧生产方式，这决定了满族的饮食文化和饮食方式。

1. 满族饮食

满族人以小米为主食，喜欢吃黏食。特产有饽饽，如豆面饽饽、苏子叶饽饽、黏糕饽饽。喜吃白片肉、血肠、猪肉下粉条。每逢宴会、节庆，都会有八大碗的满洲席。现在东北菜中的酸菜猪肉炖粉条、白肉血肠、一锅出饽饽都是继承了满族饮食的传统，另外萨其玛也是满族的一种点心。

赫哲族是生活在我国东北“三江平原”上的民族。主要以渔猎为主，长期的渔猎生活，使他们非常擅长制作鱼肉食品。赫哲族

丰盛的菜肴

鱼松

属于渔猎文化类型，“夏捕鱼作粮，冬捕貂易货。”

2. 赫哲族饮食

赫哲族人多以鱼为主食，有腌鱼、鱼干、鱼子干和鲜兽肉等。

特色食品有刹生鱼，是用来招待客人的上品，是用鲤鱼、鲟鱼等鱼加入配菜调料而成。

3. 朝鲜族饮食

吉林省延边朝鲜族自治州是我国朝鲜族主要的聚居区。朝鲜民族属于百越民族的一支，后从南方迁移至北方，继而定居北方，起初还坚守着南方的耕作传统，但由于北方寒冷，不得不改变一些生产方式以适应新环境。由于自身文化性格的原因，一直保留了南方民族的生活传统和饮食文化，食物中多“山珍”“海味”。

朝鲜族以大米、小米为主食，肉类有牛肉、鸡肉、鱼等。烹制狗肉是朝族人喜爱的肉食。由于北方冬天寒冷，所以朝族人常备辣泡菜为过冬食物。朝族人吃饭喜喝汤，平日里喝大酱汤。冷面、打糕也是朝族人的传统食品。冷面是将荞麦粉和马铃薯粉用沸水烫过，和成面团后制成的。打糕是朝族人在春节时吃的早点，打制年糕有祈盼五谷丰登之意。

冷面

（二）内蒙古自治区

蒙古族主要聚居在内蒙古自治区，其余分布在我国的东北、西北地区。蒙古族是一个历史悠久的民族，千百年来都过着“逐水草而迁徙”的游牧生活，被誉为“草原骄子”。蒙古草原天高地广，一望无际。蒙古文化的基本类型属于游牧文化类型，其民风坦率真诚，注重礼节。蒙古族人心胸广阔，淳朴善良。

1. 蒙古族食风

蒙古族的饮食深受地理环境和草原文化的影响。饮食结构分为两类，分别是“红食”和“白食”，“红食”指食草类动物的肉，“白食”指食草类动物的奶液及奶制品。据记载：“其食肉类，皆半熟，以未熟者耐饥，且养

牛羊肉片

人也。”“食肉不用箸，手持肉一大片，半入口中，余以刀切断而食之。用刀之巧，当汉民之用箸无异。”

2. 蒙古族名吃

肉类主要有手把肉，做法是将肥嫩的绵羊开膛破肚，剥皮去内脏洗净，去头蹄，再将整羊卸成若干大块，放入白水中清煮，待水滚肉熟即取出，置于大盘中上桌，大家各执蒙古刀大块大块地割着吃。因不用筷子，用手抓食而得名。羊背子、烤全羊更是宴客及祭奠时的上品。

奶制品主要有黄油、白油、奶酪、

手把肉

羊肉

奶皮子、奶豆腐、奶果子等。饮料主要有奶茶、酸奶、马奶酒。每年七八月份牛肥马壮，是酿制马奶酒的季节。勤劳的蒙古族妇女将马奶收贮于皮囊中，加以搅拌，数日后便乳脂分离，发酵成酒。马奶酒性温，有驱寒、舒筋、活血、健胃等功效。被称为紫玉浆、元玉浆，是“蒙古八珍”之一。蒙古人天天都要喝咸奶茶，每日早晨，主妇都要煮好一天的咸奶茶供全家饮用。上好的咸奶茶要同时具备五个条件才能煮成，包括茶具、茶叶、奶、盐和温度。

蒙古人不可一日无炒米，炒米是将糜子米经煮、炒、碾等工序加工而成。少数农区人民的饮食则以面食为主，饮用砖茶。

回族清真饮食

（三）宁夏回族自治区

回族主要聚居于宁夏回族自治区，在甘肃、新疆、青海、河北以及河南、云南、山东也有不少聚居区。主要以农业生产为主。回族有小集中、大分散的居住特点。在内地，回族主要与汉族杂居；在边疆，回族主要与当地少数民族杂居。

1. 回族饮食

回族饮食以米、面为主。有蒸馍、包子、饺子、馕、汤面、拌面等。回族信仰伊斯兰教，忌食猪肉；不吃狗、驴或自死的动物的肉；忌食禽畜血和无鳞鱼；禁止喝酒。鸽子在回族中被认为是圣鸟，可以饲养，但不轻易食用。逢年过节，回族人都会准备炸油香、馓子及各种素油炸食物。

2. 回族名吃

盛行于宁夏南部的清真筵席菜五罗四海、九魁十三花、十五月儿圆等套菜驰名全国。“五罗”是指五种炒菜同时上齐，“四海”是指四种带汤汁的菜肴一次上桌。“九魁”“十三花”“十五

回族油香

月儿圆”分别是九碗、十三碗、十五碗菜的溢美之词。

油香，俗称“油饼”，是回族的传统食品，每逢节庆，家家都要煎油香。回族吃油香很讲究，在亲友没到之前，不能事先动手食用。

散丹面，是回族的特色风味小吃，它是以面条和牛百叶制成，味道鲜美，咸鲜得当。

馓子，是回族人民庆祝民族节庆的一种传统食品。

（四）新疆维吾尔自治区

在新疆天山脚下聚居着一个能歌善舞的民族——维吾尔族。“维吾尔”，是“团结”“联合”之意。维吾尔族能歌善舞，闻名遐迩的音乐史诗《十二木卡姆》便是他们智慧的体现。维吾尔族的经济文化类型主要属于绿洲灌溉农业类型，境内普遍种植小麦、棉花、玉米及少量水稻，其瓜果蔬菜品种繁多。

新疆维吾尔族的主食有：“馕”，馕是维吾尔族的主要面食，其形状各异，色泽金黄。“抓饭”，即用羊肉、胡萝卜、洋葱、葡萄干、油和米混合制作而成的饭，吃的时候要洗净手后，抓而食之，故名为“手抓饭”。油塔子，是一种面油食品，油多而不腻，是维吾尔族人待客的上品。纳仁，是将羊肉片和面片煮在一起吃的食物，制作时面要切细，肉煮熟后拌在面中，再放入洋葱、萝卜等，盛在盘子里吃。包子，有烤包子、水煎包。面食，有拉面、炒面、面片汤。肉类，清火炖羊肉、

维吾尔族人在制作馕

烤肉等。副食主要有：黄油、马奶、酸奶、果汁、果酱等。

维吾尔族烤全羊

烤全羊是新疆少数民族，尤其是维吾尔族人民膳食的一种传统地方风味。新疆解放以前，烤全羊是达官贵人、地主巴依等上层人士在逢年过节、庆祝寿辰、喜事来临时用来招待贵客的珍馐佳肴。解放后，烤全羊已为新疆内各民族老百姓所食用，在赛马节、巴扎（新疆民族特色的商品贸易交流会）上以及年节夜市里，常常有巴郎(维吾尔族小伙子)叫卖烤全羊。烤全羊既可整只出售，又可切分零售，深受各族消费者青睐。目前，烤全羊已成为新疆少数民族招待外宾和贵客的传统名肴。新疆地产阿勒泰羊是哈萨克羊的一个分支，在生物学分类上属于肥臀羊，肉质肌美鲜嫩而无膻味。

青稞

（五）西藏自治区

藏族主要分布在西藏自治区以及青海、甘肃、四川、云南等临近省区，是中国古老的民族之一。藏族人民热情开朗、豪爽奔放，他们以歌舞为伴，自由地生活。

西藏地处高原，海拔高，气压低，

水的沸点低，不易煮食，故当地人只能用炒青稞的方式解决吃饭问题。

藏族的主食有：糌粑，是把青稞、豌豆等洗净后晾干、炒熟后筛净，再磨成粉。其使用方法是先将碗内注入酥油茶或清茶，再加入奶渣粉和糖，然后倒入糌粑，搅成“粑”攒团食用。

饮料：酥油茶，将砖茶用水熬成浓汁，倒入酥油桶内，放入酥油和食盐，用一根搅棒用力搅打，使其成为乳浊液，再放入锅内用文火加热。青稞酒，用青稞酿成的低度酒。先将青稞洗净，煮熟倒入大簸箕里摊开，待温度降低后加入酒曲搅匀后用陶罐装好封住，让其发酵。两三天后，加入清水后再放一两天便成青稞酒。

酥油茶

粽子

奶制品：酸奶和奶渣制成的奶饼、奶块是藏族同胞的特色食品。

（六）广西壮族自治区

壮族现在是中国少数民族中人口最多的一个，主要聚居在广西。壮族有自己的语言，是一个具有悠久历史和灿烂文化的民族。

壮族在种植稻米的地区，喜食大米饭、大米粥，喜欢用糯米制成各种粽子、糍粑、糕饼等食品，爱食酸品。在山区以玉米、小米、薯类为主食。

米饭

壮族的主食是稻米。此外有玉米芋头、红薯、木薯和荞麦，辅以黑饭豆、白饭豆

糍粑

和绿豆等。

壮族的节日特殊主食，代表了食品的民族特色。有色、味、香俱全的五色饭、糍粑、油堆和沙糕，有外形奇特的各种粽子，有吃法与众不同的包生饭，有金灿灿的黏小米饭，还有无论是节日或平时都受欢迎的米粉。

壮族的传统肉食，有猪肉、鸡肉、鸭肉、鹅肉、羊肉、牛肉、马肉，以及山禽野兽等。在这些肉食中，较有特色的是白斩鸡、烤猪和鱼生。

壮族人对山货的食用有特别的爱好，以竹笋、银耳、木耳、菌类最为名贵。

（七）云贵

云南是我国少数民族集中居住最多的省。有彝族、傣族、苗族、白族、独龙族等二十多个少数民族共同聚居。由于地势险恶，每个少数民族都散居在不同的地区。其饮食广为流传并具特色和名气的是傣族和彝族的食品。

壮族竹筒饭

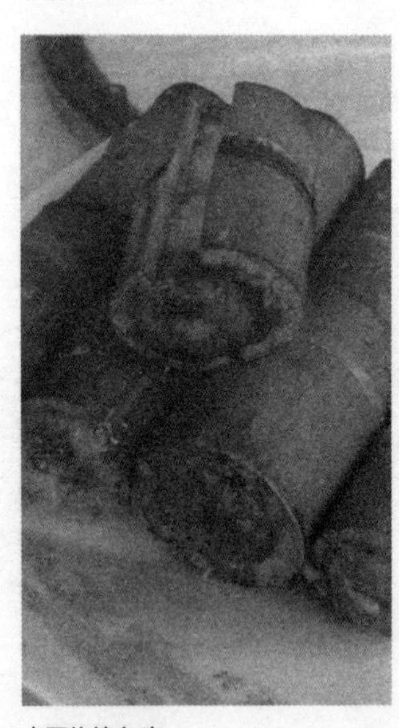

傣族的主食是稻米或糯米，傣族人民将米装入竹筒后烤制成竹筒饭而食用。

彝族的主食是将玉米、小麦、荞面磨成粉，和上水，用簸箕摇成小球，放在大米上同时蒸熟，再将它们搅拌成混合饭。